自在成长

The Tapping Solution

张银玲的 8堂极简心理课

张银玲 —— 著

天津出版传媒集团
天津科学技术出版社

图书在版编目（CIP）数据

自在成长：张银玲的8堂极简心理课 / 张银玲著 . -- 天津：天津科学技术出版社，2021.12
 ISBN 978-7-5576-9731-0

Ⅰ.①自… Ⅱ.①张… Ⅲ.①心理学－通俗读物 Ⅳ.①B84-49

中国版本图书馆CIP数据核字（2021）第212896号

自在成长：张银玲的8堂极简心理课
ZIZAI CHENGZHANG: ZHANG YINLING DE 8 TANG JIJIAN XINLIKE

责任编辑：韩　涵

出　　版：	天津出版传媒集团 天津科学技术出版社
地　　址：	天津市西康路35号
邮　　编：	300051
电　　话：	（022）23332695
网　　址：	www.tjkjcbs.com.cn
发　　行：	新华书店经销
印　　刷：	众鑫旺（天津）印务有限公司

开本 880×1230　1/32　印张 6.5　字数 150 000
2021年12月第1版第1次印刷
定价：42.00元

比起无止境地苛责厌恶自己，
我们更要允许自己不够好。

推荐序 PREFACE

每个人的一生,终究是为了活出自己

收到书稿后,我发现书中的内容与生活结合紧密。总而言之,这是一本简单、实用、知识面颇广的书。其中既涉及心理情绪问题,也探讨了原生家庭的问题。

张老师尽管只用了简单的心理学知识,但将常见的心理问题分析得很透彻。翻阅其中的案例,我们可以得出:人的内心其实就像缠绕的绳索,要解开并不容易。

张老师从事心理治疗工作已经十余年,接待过上万的来访者,对各类心理健康问题有着深入研究。

本书正是她将自己的专业理论知识与丰富的人生阅历结合起来的产物。

相信本书会给那些需要帮助的人提供更好的办法去解决自己内

心的困惑。

我由衷地相信，读了本书的读者，能从作者那里汲取内心的能量，以抵御生活的重压。

每个人的一生，终究是为了活出自己。

如果你正在经历着迷茫，在困境中绝望，请别担心，本书或许会让你重拾自我。

中国心时代父母研究院院长

中国心理学会心理讲师总督导

王纪琼

自序
PREFACE

接纳脆弱,自在成长

有某个瞬间,你想找人倾诉,但你胆怯了。或许是因为害怕袒露自己的脆弱,或许是因为害怕无法得到回应。但实际上,每个人都会遇到困难,会遇到许多自己不能解决的难题。

我们习惯了扛下一切,是因为经历过不被理解,是因为害怕听到:"你有什么好脆弱的。"

有一位刚刚毕业的青年,每天省吃俭用,挤公交车上班。一次,上班路上,他的钱包不小心丢了。

于是他上班时心不在焉,结果被领导批评了。同事询问之后却说:"这有什么可沮丧的,不就是丢了个钱包!"

他本想寻求安慰,没想到同事的话却让他更加郁闷了。

鲁迅说:"人类的悲欢并不相通。"

每个人的经历不同，情感体验也就不同。那些喜欢否定你情感的人，也许只因为他们从来没有获得过他人的理解，只因为他们将自己内心的声音，投射到别人的身上。这是逃避自我的一种方式。他们否定你的脆弱的同时，其实也是在否定自己的脆弱。

在电影《丈夫得了抑郁症》中，丈夫起床做早餐，出门坐地铁，过着看似正常的生活。当有人看出他的问题时，他笑着说："我没事。"其实，他的内心时刻处在崩溃的边缘。

现实中，你是不是也是这样的人，明明想得到关爱和理解，却总说一句"我没事"。每个人都希望自己能够更好地发展，希望自己能生活得更加快乐，却习惯于满足父母的要求、伴侣的期待、子女的愿望。

饱受心理疾病困扰的作家桑谷·德尔（Sangu Delle）说："我们必须意识到，心理上的挣扎并不会减损我们的力量，心理创伤也不会腐蚀我们的人生。真诚地面对自己的心理问题，并不会使我们变得脆弱，或者失去理智。相反，这会使我们成为一个完整的人。"

或许你不敢承认自己脆弱的情感，才是你取得了成就、获得了称赞，却仍然不快乐的直接原因。

知名导演李安面对自己的成功，曾有过这样的解释："与其说我的成功是从脆弱开始,不如说我很勇敢地面对我的脆弱!我不在乎把它拿出来。也因为从事艺术工作的我有这种真诚,所以才会打动人!"

你要知道,真实的你,是值得被肯定的,你不必为了迎合他人,改变自己的立场,也不必为了得到认可,拼命解释自己。

每个人都会让别人失望。学会接纳这些失望,承认总有失望发生,承认自己不是全能的,承认自己有脆弱的一面。正因为你是不完美的,才构成了一个完整的你。

拥抱一个不完美的自己,学会承认自己做不到。认可自己,接纳自己的情感,远比他人的认可更重要。正确对待你的脆弱,认可它的存在,你的身心才会真正感受到自我接纳。接纳自己可以减少情绪上的内耗,让你更有力量去做别的事情。

也许通过这本讲述自我成长的书,让你能真实地面对自己。

张银玲

2021年7月14日 于郑州

第1章 内在勇气篇

想好好学习，但注意力总是不集中，该怎么办 // 002

数学成绩不好，讨厌数学老师，原来有心结 // 006

一到正式考试就考不好，是怎么回事呢 // 009

从实验班到普通班，总看不惯同学，该怎么办 // 012

陷入思维怪圈的优秀高中生 // 015

到底该如何选择专业 // 019

第2章 接纳自我篇

努力考上了大学，却想退学 // 022

挂科专业户 // 026

大学毕业三年，却没办法工作 // 029

上大学后，我抑郁了 // 032

第一名的烦恼 // 035

和妈妈吵了一架，我想退学了 // 038

第3章　原生家庭篇

童年阴影真的会相伴一生吗 // 042

原生家庭，究竟在影响着我们什么 // 045

强迫性重复：命运之轮在你的潜意识中运转的秘密 // 049

每个人都是自我世界的创造者 // 052

发现自己和母亲越来越像，为什么 // 055

不断地重复父母的亲密互动方式，如何避免 // 059

不想谈恋爱、不想结婚的女孩 // 063

第4章　超越自卑篇

克服情感困扰，你需要这样做 // 070

找到你的安全感，相信自己值得被爱 // 073

找到你的潜意识，不断驱动人生向前奔跑 // 076

父母带给你的伤害，你可以选择不原谅 // 079

斩断原生家庭对自己的影响，重获幸福 // 082

第5章　走出孤独篇

你的孩子有足够的安全感吗 // 086

总是挤眉弄眼的孩子 // 092

怕脏的男孩 // 096

致父母：孩子的性格，是你们造成的 // 098

教育孩子，选择威严还是民主 // 101

学会放手——爱孩子的最好方式 // 103

做孩子的榜样，给孩子内在的力量 // 106

第6章 共情沟通篇

发现孩子抑郁了，我们应该怎么做 // 110

孩子情绪不稳定，如何帮助他学会自控 // 114

孩子患上焦虑症怎么办 // 117

发现孩子孤僻怎么办 // 120

面对孩子的早恋问题，我们应该怎么做 // 123

孩子玩游戏上瘾，如何助其克服游戏的诱惑 // 125

孩子叛逆赌气，该如何教育 // 127

面对孩子的厌学问题，我们应该如何处理 // 129

我对妈妈总是爱不起来 // 133

弟弟为什么要出生，我最讨厌的人是弟弟 // 135

爸爸妈妈离婚后，我的艰难处境 // 138

第7章 内在疗愈篇

全面认识自己，走进自我的内心世界 // 142

内心充满了各种矛盾，它们来自哪里 // 145

总是不能摆脱低自尊，怎么办 // 148

总是自我否定，如何克服 // 152

情绪的背后，隐藏着什么 // 154

为什么我总是找到渣男友 // 158

第8章 隐藏的人格篇

你知道你在自我攻击吗 // 162

谁能给我半小时好睡眠 // 165

战胜拖延与抑郁，发现自己的改变 // 169

重新塑造自我，成为内控者 // 172

被长期霸凌后，如何重新相信这个世界 // 177

提高情绪管理能力，你需要这样做 // 180

改变错误的沟通方式，学会认同 // 185

苗条的诱惑，怎么样让自己变得更美 // 188

如何战胜恐惧与胆怯，走向自信 // 190

第 1 章　内在勇气篇

THE TAPPING SOLUTION

想好好学习,但注意力总是不集中,该怎么办

来访者思思告诉我,她以前的学习成绩很好,颇受老师喜欢。可上了高中,她的成绩下降得厉害,这让她陷入了深深的焦虑之中。

我问她:"当你在准备考试时,你会想到什么?"

她说会想到最好的闺密,她之前的成绩一般,但如今却比自己的要好了。

对思思来说,曾经的学霸光环褪去、不能掌控自己的成绩等这些担忧一直存在于她的潜意识之中。想要解决她的焦虑,就必须消除这种担忧。

在思思的认知里,闺密的成绩不可以超越自己。一旦她的认知被打破,就会产生不安。就像斑马一样,如果周围有狮子,它就无法安心吃草。

斑马的紧张感有助于它们保护自己不被敌人吃掉。人的焦虑在一定程度上能帮助我们应对当下的困境，可过度的焦虑只会使得我们失去信心。

思思白天不能集中注意力，晚上又常常失眠。这形成了某种恶性循环。

有位心理学家说："如果改变认知对你来说很难，那么一个最大的可能就是——你追求改变和成长的方式是错误的，是不符合自我发展规律的。"

换句话说，思思总达不到自己内心的要求，是因为她的思维方式是错误的。她错在将学习与他人连接在了一起。

思思不接纳现状，或者说不接纳一切与目标不相符的状态或结果。

这是她个人出现问题的根源。

为什么"不接纳"就会导致目标很难实现呢？

或许，我们可以用一些与心理学和大脑科学相关的知识来解释。

很多时候，当我们不想看到的结果出现时，大脑就会把它看成一种威胁，并由此释放一系列压力激素。而这些压力激素会让我们产生紧张和焦虑感，并促使大脑想办法改变此时的状态，以消除痛苦。

压力激素和焦虑感当然也可以发挥积极作用。适当的压力激素有助于提高专注力和行动效率。不过，这种压力激素只会在处理某种特定类型的目标（明确、短期可完成、属于掌控范围内的执行类目标）上有效。

举个例子，假设你要背50个英语单词。因为你已经有了基础，对这项任务很熟练，在这时，给你一些压力，反而有助于提高你的效率，使你更快地达成目标。

但如果这个目标是长期的，或是你掌控不了的，又或是需要大量发散性思考和创造力的，那么压力激素就会起反作用。

因此，对思思来说，成绩的下降打破了自己是完美的这一幻想。

不肯接纳挫败，改变就会变得困难。如果思思想要摆脱注意力不集中的现状，首先就要处理好心态和情绪问题，承认自己是不完美的，这才是最关键的。

要根据实际情况制订目标。对已经完成的目标，要与从前的自己比，要看到自己的进步，这样心情就会好一些。

少一些患得患失，少一些对自己过高的要求，多给自己一段时间，逐步让状态好起来。

还有一些别的因素会导致注意力不集中，最关键的就是手机的影响,所以要控制玩手机的时间。

周末放假时,可以选择去图书馆阅读,也可以选择与家人谈笑风生,可以做一顿可口的美食,也可以去户外郊游……返璞归真,回归最简单、纯粹的生活方式,回归自己的初心,这对身心很有益。

当然,也可以做正念冥想练习。比如,给自己3分钟不被打扰的时间,把注意力放在自己的呼吸上。当你发现自己走神了,就深吸一口气,同时把注意力带回来,其他什么也不用想。

不断重复做练习,直到你走神的次数越来越少,专注的时间变得越来越长。

坚持练习,你就能在第一时间内敏锐地觉察出自己的注意力是如何飘走的,并且你的专注力也会得到提升。

对学生来说,注意力无法集中的原因有很多。譬如,心理压力太大,学习目的不明确,过度疲劳……但不管是什么因素,都要对内外因进行分析,这样才能找到更好的解决办法。

学累了就休息,太紧张就去运动放松。只有找到根源,才能将自己的学习状态调整过来。

数学成绩不好，讨厌数学老师，原来有心结

明明是一名高二的学生，最近数学考试时交了白卷。数学老师非常生气，父母知道他考了零分，也很生气。

爸爸带着刻薄的语气对他说："不想读书就别读了，这么喜欢在学校睡觉，还不如回家睡，有一张床不更香吗！"

明明告诉爸爸，希望他不要用成绩去评定儿子的学习能力。

在接受心理咨询时，我问明明："为什么你不好好学数学呢？"

明明吐露了自己的心声——原来从小学到初中，他的数学成绩并不算差。但后来因为一件事，他转变了自己的想法。

明明从小就喜欢打篮球。上高中时，数学老师见他每天都打篮球，就告诉了明明的父母。明明的父母接受了数学老师的意见。从此，明明再也没有机会打篮球了。

明明唯一的兴趣被无情地剥夺了。没了篮球，他每天都很空

虚。自此以后，明明对数学老师充满了恨意。

因为痛恨数学老师，明明对数学也丧失了兴趣，他的数学成绩也因此变得很糟糕。

如果孩子的学习成绩下降，或对某一学科突然不感兴趣，我想他一定是有心结，找不到释放的地方。如果情绪压抑着不能排解，做事情就难以全力以赴。

案例中的明明，不仅内心压抑，甚至还带着怨恨。他是一个爱运动的男孩，运动让他心情舒畅。可如今，运动带来的好心情被剥夺了。

对明明来说，每天花两个小时打篮球，不是在浪费时间。与之相反，这有助于他的学习，并且会让他的学习效率更高。因为人在运动时，大脑会分泌一种叫作内啡肽的物质。

内啡肽能使人产生愉悦感。当我们品尝美食、欣赏电影、倾听美妙音乐，或与恋人在一起时，大脑就会分泌内啡肽，为我们带来美好的感受。

同时，内啡肽可以帮助人体合成血清和多巴胺。多巴胺也是一种可以让人感受到快乐的化学物质。

明明在打球的过程中，体内会分泌许多让他快乐的化学物质，如多巴胺。要知道，多巴胺充分分泌时，大脑的学习能力、创造力和记忆力都会变强。但如果情绪问题得不到解决,学习就不会有高效率。

明明的数学成绩不好,与他的智商无关,而与他的情绪高度相关。他讨厌数学老师,是因为被数学老师剥夺了兴趣。他完全有可能将数学成绩提高,只需要恢复他的篮球运动就好。

同时,还要引导明明与数学老师和解,得到数学老师的支持与关爱,这样明明就能感受到积极的情绪,重新爱上数学。

一到正式考试就考不好,是怎么回事呢

圆圆平时学习认真,很听父母的话,是那种传说中的乖孩子。可圆圆总觉得自己被下了魔咒,一到正式考试,就会栽跟头。

平时的测试,她每次考得都不错,可一到大考就会发挥失常。身边的朋友纷纷安慰她:"一次失误没什么,下次考好就行了。"可到了下次,她又会再次遭遇"滑铁卢"。

我身边的许多家长,都向我咨询过此类问题——孩子平时学习成绩不错,但每逢大考,总会发挥失常。为此,他们常常变得很焦虑。

当然,焦虑也分适度焦虑和过度焦虑。

适度焦虑,对我们的生活有促进作用,但过度焦虑,会影响我们的工作和学习。一些孩子每逢正式参试就发挥失常,很大程度上

是由过度焦虑导致的。

当一个人处在焦虑状态时,心脏会跳得很快,血液也会更多地流向四肢。体内的内分泌等生命物质会被唤起,使得身体处于应激状态,会变得更加专注。

但长期的过度紧张,会使得身体总处于应激状态,能量也会迅速耗竭。就像圆圆在考试时会很难集中注意力,思维会变得刻板,难以发挥出正常水平。

那么,要如何判断是属于适度焦虑还是过度焦虑呢?

生理表现上,孩子考前没有食欲;心理表现上,孩子考前脾气暴躁或沉默寡言,这往往都是过度焦虑的表现。

过度焦虑的孩子往往对成绩过分看重。表面上,或许他不是十分在意,潜意识里却控制不了。究其原因,这些孩子在小时候往往对父母过于依赖,缺乏安全感和质疑精神。

要让孩子避免过度焦虑,家长该怎么做呢?

首先,不要在考前过于关注孩子的行为,不要过多地询问与催促孩子。此时,许多父母对孩子关心的频率会比平时更高,而这会极大地加重孩子的负担。

其次,在孩子参加考试的几天内,让孩子吃得清淡、有营养。人在焦虑时,血液会更多地输往肌肉,胃部的血液就会减少,而这会影响胃的消化。所以,考试期间大补会对胃造成更多的负担。

再次，家长平时对孩子要包容，容忍孩子的叛逆，让孩子的自主意识能够更好地发展。不喜欢被父母过多干涉的孩子，其攻击性往往会被压抑到潜意识，用被动攻击的方式攻击父母。

这些潜意识会影响到孩子的考试，让孩子不能取得好成绩。有的孩子甚至拿自己的学习成绩作为代价让父母难受，从而达到攻击父母的目的，这是一种被动攻击。

父母要鼓励孩子，让孩子勇于表现自己，让孩子也可以对父母说不。父母要允许孩子有脾气。只有这样，存在于孩子潜意识层面的攻击才有了正常的宣泄渠道。

最后，要正确地引导孩子，让孩子科学地看待考试。很多家长、老师都把分数作为判断孩子学习能力的标准，这就让孩子容易把考试当成学习的唯一目的。

家长要摒弃"唯分数论"的观点，告诉孩子，分数不是一切，考试只是锻炼学习能力和心态的手段之一，这样孩子就会保持更好的考试心态。

当孩子抱着单纯的心态去面对考试，他的学习动力就会更足，会更想挑战自己，而不会太纠结分数的高低。

从实验班到普通班,总看不惯同学,该怎么办

努力学习的丹丹,中考时以优异的成绩考进了重点高中的实验班,她很为之自豪。但后来在分班考试时发挥失误。

丹丹转去了普通班。

在普通班,丹丹的成绩总是第一名,可丹丹并不开心,因为她没有竞争对手。因此,她总看不惯同学。

有一次,同学小晶问她一道数学题。丹丹用自己认为的简单方法给小晶讲解了一遍,可小晶居然没听懂。

丹丹有点不耐烦了,说:"这么简单的题,老师已经讲过很多遍了,你平时学习能不能认真点。"

小晶有点不高兴了,说:"我再想想吧。"

丹丹见小晶不知道如何动笔,随口说了句:"太笨了。"

小晶什么话也没说,拿着草稿本就回到了座位上。

后来，丹丹找不到可以与自己探讨数学题的伙伴了，她很失落。

丹丹看不惯的人和事特别多，但其实她只认同自己头脑里认同的东西。

心理学上有个名词叫作投射。投射是将自己身上的特点归因到其他人身上。

你在认识别人以及判断别人的行为时，会下意识地认为他人也具备与自己相似的特性，你就会把自己的感情意志投射到对方身上。

假如你的投射是失败的，也就是说，你所认同的事物，以为别人也认同，可别人并不认同，那么你就会对他人失望，从而导致你产生不良情绪。

丹丹和同学之间的冲突，很大程度上就是投射性认同在发挥着效力。

丹丹认同实验班，其实是认同实验班带给她的安全感。在实验班里，那些认真、勤奋、努力的价值观，是她所认同的。

可到了普通班，她的投射性认同没有成功。她认为其他同学应该和自己一样，对成为尖子生有强烈的认同感。然而，现实恰恰不是她所期待的。

投射其实是一种自我保护措施,也是一种心理防御机制。人们会将自己不接纳的一部分投射给他人,这样做了以后,自己仿佛就是没有缺点的完美个体。

很多时候,投射是一种不自觉的行为,并没有经过大脑的判断。如果一个人有反思能力,就会懂得反思自己的行为,从而尽可能地去避免影响再次产生。

那么,如何避免自己总是投射失败,总是失望呢?

你需要保持一定程度的自我监控。在自我监控的过程中,保持对自身情绪的觉察。

在与人交谈中,要留意自己的情绪变化,防止沟通中被自己的情绪带跑。如果你注意到自己的情绪在恶化,就请停下来思考。

你还需要承认自己的不完美,而不是把自己身上不喜欢的特征归因给别人。也许承认自己的脆弱会让你陷入窘境,但这样做有利于让你获得他人的肯定,也有利于你人格的发展和成熟。

你要学会换位思考,站在别人的角度看问题。去想想他们是怎么想的,去感受他们为什么会这么想,而不是站在自己的立场上,去猜想别人的想法和感受。

在成长过程中,每个人或多或少都会投射自己的情绪到别人身上。我们要学会自我觉察,学会尊重他人的不同习惯。这样做了,我们也能避免自己在关系中受伤。

陷入思维怪圈的优秀高中生

小华学习成绩非常优异,父母对他的期望很高。他们告诉小华一定要考上"清北",不能让他们丢脸。

学校对小华也特别重视。在老师眼里,他有希望考上重点大学。于是,学校免费送他去省重点中学的名校班培训。

可时间一久,父母发现小华变了。他开始彻夜学习,并且很少吃晚饭。但是有一次成绩测试,他只考了班里十几名。

这时,大家都意识到小华有心理问题了。

在心理咨询室里,小华对我说:"我想去死,觉得自己太差劲了。"

一问我才知道,在培训班内的考试中,小华名次垫底了。而正是因为这次考试,小华决心一定要考个第一名。

此后,他选择把所有的时间都用来学习。结果考试成绩出来了，却令他万分沮丧。

为什么小华会陷入"要么第一，要么去死"的思维怪圈呢？

心理学家武志红在《巨婴国》中曾经介绍过一个名词——卓越强迫症，患有卓越强迫症的人，总认为自己要是不优秀、不卓越，就不配活在这个世界上。

其实，卓越强迫症类似于极端的完美主义。小华的思维模式也可以被看作一种卓越强迫症的表现。

为什么会出现卓越强迫症呢？这还要从婴儿时期的全能自恋说起。

婴儿基本上都处于全能自恋的状态，也就是说，婴儿认为自己是无所不能的，只要一动念头，世界（其实是妈妈或其他养育者）就会按照自身的意愿来运转。

如果婴儿得到了很好的照料，他的全能自恋就会得到充分满足，此后，他会逐渐打破自己的全能自恋，开始关注外界。

他会去承认自己是不完美的，他需要依恋妈妈，他想要与人建立亲密关系，让他人知道，他是个有真实需求的人。

可一旦孩子的正常需求没有得到满足，他就会认为他的需求是不应该存在的，不会有人对此回应。

需求得不到满足的孩子，建立关系的努力就失败了。既然妈妈愿意满足他，他就会退行到孤独的全能自恋状态中。也就是说，他会自我洗脑，认为日常的需求是不重要的，只有全能自恋才是重要的。他会认为：如果我是全能的，就可以控制自己的生活，如果我是完美的，所有人都会喜欢我。

卓越强迫症是从婴儿时期发展而来的。反映在现实生活中，就是"我"与世界建立关系的尝试失败了，爸爸妈妈看不上不优秀的"我"。只有"我"变得优秀，他们才会爱"我"。

很多人不记得婴儿时期的事，但他的认知记得。一直到孩子长大，他与父母的关系依然延续了婴儿时期的相处模式。

小华从小学开始就非常努力学习，因为父母告诉他，如果你不努力学习，你就会流落街头。后来，小华如愿考上了重点中学。

上了高中之后，小华的压力越来越大，一旦他没有如愿考得第一，就会变得很痛苦。

卓越强迫症的背后，映射的是教育的悲哀。很多父母的思维都停留在以往的模式中，以至于很多孩子缺失了鼓励和肯定。

那些从小没有得到父母肯定的孩子，其内心是匮乏的。

有的孩子选择用好的成绩去讨好父母。他们逐渐发展出了一个假的自我。其实，他们的内心在告诉他们——学习并不是唯一。在这样充满矛盾的环境中，孩子就会变得郁郁寡欢，甚至产生严重的心理问题。

在上述案例中，要让孩子停止陷入错误的思维怪圈，家长就要停止"评判"孩子。要正视孩子的需求，不对孩子有过高的期望。

除此之外，孩子要认识到自己的优点，要肯定自己有"追求进步，追求更好"的品质，但也要放弃对事事苛求完美的想法。

我们跌跌撞撞地成长，为何非要苛求才罢休呢？只要问心无愧，你就能感受到自我价值。

到底该如何选择专业

选择什么专业,在我看来可以参照三条原则。

第一,选择自己更喜欢的;第二,选择自己成绩更好的;第三,选择未来好就业的。

先来看第一条。爱因斯坦说:"兴趣是最好的老师。"如果我们感兴趣,就会愿意为它去付出。当然,不管是什么专业,学起来都不轻松,因此有兴趣就显得很重要了。

比如,你对一个历史人物产生了兴趣,想要去了解,这就是你学习历史的动力;如果你对气候、旅行感兴趣,你就有学习地理的动力。如果仅仅让你去背诵,那么你会很快厌倦。

理科重在培养人的思维逻辑,看似枯燥,可在生活中却应用广泛。如果你有探索的精神,不妨先从理论入手,可以事半功倍。

再看第二条。选择自己成绩更好的学科,因为这是你的优势。

如果你选择了它，你就可以更具竞争性。

最后说第三条。选择未来好就业的学科，可以为你换取更好的物质回报。而通过物质回报，你就可以实现很多愿望。同时，也能为你的家人、朋友带来更多的回馈和幸福感。

当然，不管你学了什么专业，都很难有十全十美的工作适合你。

这就要求你要有平和的心态去面对生活，而不是动辄怨天尤人。

如果你实在很难抉择，就向家长或老师征求建议。要记得是征求意见，而不是让他们代替你来做决定。对于你的未来，你有着不可推卸的责任和主导权。

作为家长，也请记住——一定不要逼迫孩子做选择，更不能打着"我这是为你好"的旗号替孩子做选择。要记住，孩子是你生命的延续，但并不代表着他是属于你的附庸。

以上三条原则，可以帮你在抉择的过程中减少痛苦。作为一个独立的个体，我们要有勇气面对个人的选择，也要敢于承担选择的后果。为自己的选择买单，而不是依附于父母，那么，你将得到更多人的尊重，也不会在草率的选择后后悔。

第 2 章 接纳自我篇

THE TAPPING SOLUTION

努力考上了大学，却想退学

我的来访者筱筱说自己想退学。

她对大学生活无法适应，也对身边的同学难以理解。她原本以为，上了大学可以认识许多志同道合的朋友，却发现室友们都沉溺于化妆和恋爱。

她像个"异类"，对同学们谈论的热点一概不知。室友也很鄙视她，觉得她像个书呆子。另外，寝室的清洁工作几乎都是她在做，她觉得不能再这样下去了。

更让她难以忍受的是，室友喜欢熬夜，而她习惯于早起。室友的行为影响了她，她每天都觉得难受。

努力考上了心仪的大学，可校园生活令她心力交瘁，她每天都想逃离校园，特别想退学。

像她这样的情况，在大一新生中并不罕见。通常情况下，想退学的学生有以下几种原因。

1. 家庭原因

一部分学生家境贫寒，连大学学费都依靠贷款。听说毕业生的工资也没有比其他人更高，索性有了辍学去打工的计划。

但有远见的家长，往往不会允许孩子这样做，这个时候，如果能给孩子进行一次思想教育，孩子一般会接纳自己的不成熟，改变退学的想法。

还有一种情况是孩子被迫做出退学选择，譬如家里人病故、遭遇不幸等。但其实面对这种情况，可以选择休学，以便为今后入学提供契机。

2. 不喜欢所学专业

有的学生因为不喜欢所学的专业，想要退学。但其实在面临这种状况时，你往往有更多的选择，譬如调换专业或跨专业考研。

3. 恋爱受挫

有的学生退学的直接原因是恋爱受挫，乃至陷入了抑郁情绪，久久不能走出来。

有的学生不能从失恋的阴影中顺利走出来,往往是因为缺爱。可能在家庭中长期获得不了足够的爱,因而想要依靠亲密关系来实现人生价值。

在面对此种情况时,我们要明白——爱而不得,是生活的常态。我们要学会勇敢地面对挫折,继而去追求下一段幸福。假如你迟迟无法走出失恋的阴霾,可以选择找心理咨询师进行咨询。

4. 不适应新的同学关系

有的学生想退学的原因往往就比较简单——当他离开了他熟悉的环境,面对不熟悉的同学难免存在沟通上的困难。这个案例中的筱筱就是这样——与寝室内同学的关系没有处理好,直接导致了她的厌学情绪。

如果不能很好地处理关系,就一定会在关系中受累,从而想要逃避,不愿意面对。在筱筱的案例中就是这样一种逃避的心理在作祟。

面对这种情况,就需要调动老师的力量,让老师参与调解,解决同学间的纠纷,并帮助他们制订周密的计划,以便在不影响彼此关系的前提下做到互相尊重,化解彼此的矛盾。

当然,除此之外,还会有许许多多的不满致使你想要远离校园生活。我并不反对你在无法调和自身处境时离开校园,但我希望你可以尝试一番，至少要慎重考虑自己的选择，以谋求最优解。

如果无法克服的话，退学也是你的一项基本权利。没什么可羞耻的，要接纳自己的内心，做出适合自己的选择。

挂科专业户

大学生挂科是当今社会一种较为常见的现象。但有一部分学生，并不只是薄弱学科会遭遇"挂科"，而是门门功课都很难及格，成为人们口中的"挂科专业户"。

来访者小增就是一名挂科专业户。他讲道，他每年至少有20门功课会遭遇"挂科"。但奇怪的是，学校劝他参加补考，可小增连补考都不愿参加。

小增说，他不喜欢这所学校，当然也不喜欢这个专业。妈妈篡改了他的高考志愿，因而他不愿意在这个学校留下自己的印迹。他在学业上的不作为，其实是他在与妈妈进行对抗。

为什么小增要通过这样极端的方式与妈妈作对呢？

原来，从小到大，小增的一切都得听从母亲的安排，小到球鞋款式，大到专业选择，母亲对他的学习、生活一手包办了。而小增的爸爸常年在外工作，对于家里的事情一向漠不关心。

懂事的小增当然知道母亲的不易，但另一方面，他积攒的不满也愈来愈多。表面上，他选择做个乖孩子，但背地里，他用不配合来惩罚母亲。

知道了这对母子的问题以后，我也有了对策。

首先，我让小增的妈妈真诚地向孩子道歉。家长从来不是圣人，他们也会犯错。

出于私心，在没有与小增沟通的前提下，她篡改了小增的高考志愿。虽然出发点是为了孩子好，但实实在在地伤害到了孩子。

因此，小增妈妈应该反思自己的行为，向孩子认错，孩子才会真诚地接受。

其次，小增妈妈要降低对孩子的期望值。

经年累月对小增的严要求和强管控，使得小增的不满情绪不断累积。直到大学将近毕业，小增仍旧在"挂科的道路上一去不复返"。因而，要降低对孩子的期望，让他能够如期毕业就足够幸运了。

最后，孩子要承认父母的贡献。

也许在小增心中，对母亲有诸多不满。但如果母亲已经向他致歉，他也不应该再苛责母亲的过错了。

在传统的中国式家庭中，很多家长往往特别在意自己的权威，会要求孩子满足自己提出的一切条件。但如果父母愿意与孩子平等地交流，达成一定的共识，双方就能取得双赢的局面。

大学毕业三年,却没办法工作

护理学院毕业的瑶瑶,已经三年没有出去工作了。令母亲忧心的是,除了刚刚毕业时做了一个月的护士,瑶瑶看起来已经不打算找工作了。

后来,在父母的恩威并施下,瑶瑶去了教育机构应聘。却因为专业不对口,又没有教师资格证而被拒之门外。父母又托人给她安排了一份工作,却被她以过于清闲、不能成长为由拒绝了。

父母非常着急,害怕她找不到工作,更害怕她因此找不到对象结婚。他们也想不通明明是大学毕业生的瑶瑶怎么能一直待在家呢?

瑶瑶告诉父母,在此前的工作中,她找不到意义。再找下去,也很难获得满足感,因为她失去了方向。

像瑶瑶这样的人，我们的身边也很常见。他们或许并不是缺乏学历，也不是因为没有能力，而是单纯地缺乏热情。他们无意做一份不能达到自身期待的工作。但其实没有哪一份工作是完美的，只要是工作，都会有不如意的地方。

有时候，我们的苛责只是因为我们还不够困难，总以为还有退路，因而就丧失了目标。

曾经有人问歌手刘若英："为什么你总能给人一种温和淡定、不急不躁的感觉，难道你在生活中不会遇到难题吗？"

刘若英回答："我知道没有一种工作是不委屈的。"

辞职，只不过是工作暂时终止的信号，可内在的焦虑不会终止。

选择待在家里，只会丧失自我成长的机会。到了最后，即使有一份自己想要的工作摆在面前，我们也丧失了实现它的能力。

那么，要如何面对这种逃避工作的态度呢？

首先，我们要明白自己想要的工作是什么类型的。

工作可以分为自由和非自由两类。如果你追求的是有保障且固定的工作，那么你可以选择到国企、政府机关、事业单位去工作。但如果你想要有更多施展自己的机会，想要更有挑战性且充满未知的工作，那么你可以选择去私营单位甚至可以选择自由职业。

一旦你想好了，就可以勇敢地迈出第一步。你想在工作中获得什么样的体验，你就可以去带给你此类体验的单位实习。这样做的好处是既让你认清了自己的价值和特长，也降低了试错成本。

其次，你要改变对自身和工作的认知。

工作不比学习，它有着天然的压力。因此，你只有调整好期待值，甚至减少那些"不恰当的期待"，你才可以实现自己的人生价值。

最后，要坚定自己的选择，要相信自己能取得一番成就。

俗话说："三百六十行，行行出状元。"只有不断地贡献自己的价值，你才能在这个行业中变得优秀。就如当代诗人汪国真所说："既然选择了远方，便只顾风雨兼程。"

《深潜》里写道："真正很迷茫的人，靠想是想不出一条路的，人生规划也不是靠想能完成的，而是要行动。"

上大学后，我抑郁了

来访者小严告诉我：他抑郁了。

作为男孩，身处师范院校，令他觉得周身不适。但他妈妈认为，小严性格内向，不善表达，做老师可以纠正这些问题。小严则认为——身处这种"女多男少"的环境，他很难生活。因为考试挂科了，他开始独来独往。本就不多的朋友，现在一个也没有了。他开始变得心情低落，甚至有些抑郁。

听了小严的叙述，我感觉他挺无助的。因为缺乏安慰和理解，他抑郁的情绪日益严重。

小严现在的状态，很像心理学上说的"习得性无助"。什么是习得性无助呢？积极心理学之父赛里格曼曾经做过这样的一个实验。

赛里格曼将狗关在笼子里。只要铃声一响，他就给狗施加电击。狗因电击而在笼子里惨叫，继而不断挣扎。反复多次之后，铃声一响，狗只会趴在地上惨叫却不再挣扎。乃至后来打开笼子的门，狗也不会逃跑，而且没等遭遇电击，就已倒在地上颤抖。狗狗原本可以主动逃避，却只能绝望地等待痛苦的来临。赛里格曼将这样的过程叫作"习得性无助"。

后来，赛里格曼发现在人的身上同样存在类似的状况。从小严的案例来分析，有可能他也遭遇了习得性无助。可是究其本质分析，母亲对他长期的忽视，可能让他有了"忽视性创伤"。

我相信，很多人都曾遭受过忽视性创伤。那些感受、想法或声音都没有被察看和倾听，以至于长期得不到释怀。

小严有一位控制型母亲。母亲所做的一切，都从自身角度出发。她不允许小严表达自己的意见，剥夺了他选择的权利。

小严的内心是愤怒的。他渴望得到关注。

除了得到别人的关注和倾听，小严自己需要做什么才能有效改善抑郁状态呢？

我想最为重要的是，小严要学会正视自己的内心。他的某些需求，可能已经无法实现，譬如重新选择再读一次大学。

更为重要的是，小严要勇于承认现实，正视自己一直以来的选择并不是自己主动的选择，因而并不需要为此承担无限的内疚和自责。失败总让我们心灰意冷,但要知道,你并不会一直失败。也许不喜欢的专业不能带给你成就感,但可以为你创造条件,继而去更加适合你的学校学习。

我们每个人都会经历或多或少的创伤,而其中绝大多数的创伤是由我们的亲人带给我们的。但同样地,我们经历的大多数幸福的瞬间也是由家人带来的。绝对幸福的家庭是不存在的。既然创伤已经造成,不管是有意或无意,都无法改变木已成舟的现实。

挪威戏剧家易卜生有句名言:"人生犹如一条船,每个人都要有掌舵的准备。"

过去已经不能改变,但现在,你可以控制。从现在起,掌握好你的船舵,驶向你想去的远方。

第一名的烦恼

小兰一直以来都是班里第一名,以至于三好学生、优秀学生干部、国家奖学金……都少不了她的名字。

但她很害怕,因为只顾着学习,她都没有时间陪朋友了。

一位室友说:"小兰,你确实很优秀,可是你错过了许多本该属于你的美好的东西。"

这句话打动了小兰。一想到除了学习的陪伴,就再也没有人关心自己了,她生平第一次感受到了孤独。

后来,学校有个男生追求她。孤独太久的小兰,毫不犹豫地答应了。可好景不长,他们俩短暂的恋情不久就结束了。

原来,每次男友邀请她一起做一些事情,她都说自己要学习,男友甚至为了等她出实验室,多次错过饭点。

在小兰第一名的背后,是她内心的恐惧。

她恐惧自己的第一名不能保持太久,她很担心父母对自己失望,她也很担心没了好成绩,她会被全世界放弃。

她认为,只要自己足够优秀,就会有许多人喜欢她。

可她没有意识到,哪怕她如此优秀,也会有人离开她。一个真正受欢迎的人并不一定需要考第一名。

在《少年派的奇幻漂流》中有这样一句话:"人生与自我不是用来战胜的,而是用来相处的。"

每个人都活在各种各样的关系中,需要与人产生连接,需要被关系滋养。

小兰太想证明自己的能力,却往往不能深入每一段关系。因为无论是普通朋友,还是亲密朋友,都需要我们花时间去经营。

任何时候,不要回避你的内心,不要为自己找借口。正视你的内心,重新接纳自我,不管你对自己有着怎样的要求,你都要进入一段关系中找到缺失的快乐。

带着你的身体出发,不要去掩盖自己内心真实的声音,学会向外界寻求关系,学会去寻找支持你的那个关系。

从你身边的室友入手,把真实的自己展现在他们面前。请告诉他们——你也渴望加入他们,只是不知道该如何做。

当你学会正视自己的想法,展现自己,真正地去拥抱自己后,你的伙伴们会看到你的诚恳，从而放下偏见，去选择接纳你。因为在人的潜意识深处，大家都喜欢真实，没有人喜欢虚伪。

其实，每个人都会遇到许多事，有许多令人烦恼和恐惧的部分。但我相信——要彻底摆脱烦恼，唯一的方式是听从内心的声音，重视自己的需求，做自己想做的事情。

接纳自己，多和周围的人沟通交流，你身边的人也会理解你——在第一名的背后，你也有烦恼、缺点和不足。但这些有可能让你变得更可爱，更容易让人接近。

和妈妈吵了一架,我想退学了

终于迎来了假期,小明打算玩一会儿放松一下。

这时,妈妈推门而入,大怒:"就知道玩,也不看看你的成绩。"

说完,她拔掉了网线,扬长而去。不仅如此,她还没收了小明的电脑。

每次与母亲发生争执,小明都会吃亏,他觉得很委屈。

从小到大,他一直都让着妈妈,因为他怕妈妈受伤。

小明也知道,妈妈这样做,是为了他好。可时间久了,他跟母亲的争执也变得愈加激烈。

在我看来,小明的想法符合一个青春期男生的正常心理。他的做法,也并没有过激之处。

为什么这么说呢?或许,我们可以从"共生依赖"和"共生绞杀"的心理学中得到答案。

"共生依赖"是指两个人之间相互依赖的现象，通常表现为妈妈与婴儿之间的关系，即婴儿必须完全依恋着妈妈，否则婴儿就不能活下去。

婴儿与妈妈正常共生，就会产生美好的感觉。婴儿的真实需要被妈妈听见，妈妈也能照顾好他。这样的共生关系是健康的。

可如果妈妈对孩子有过多依赖，那么在妈妈心里，就会和孩子建立"共生幻想"式的心理契约。本着契约对等的原则，孩子也需要将母亲当作自己生命的全部，这就变成了"共生依赖"的关系。随着母子之间"共生依赖"关系的不断发展，"共生绞杀"就产生了。

"共生绞杀"是由心理学家武志红提出的心理学概念。在他看来，要理解"共生绞杀"，须了解两个人之间的共生关系。

共生关系的达成，要经历一个激烈的斗争过程。一旦"我"或"你"中的一个占据了"我们"的主体地位，而另一人的自我就会消失，也就是被绞杀掉。

举个例子，妈妈为孩子付出了一切，无微不至地照顾孩子。孩子在享受被照顾的同时，也被妈妈控制。

此类"共生绞杀"案例普遍存在于许多亲子关系中。如果母亲对孩子的"绞杀"很严重，那么孩子就会出现严重的心理问题，譬如抑郁、焦虑、强迫症等。

在"共生依赖"关系中，孩子体验到的不是舒适的爱，而是窒息感和低价值感，甚至包含着内疚。

窒息感是因为妈妈对孩子的爱有很强的控制欲，孩子需要满足妈妈的需要，无法自如表达自己的情绪。

低价值感是因为孩子的需求不被看见，而妈妈的需求是最重要的。

内疚是因为孩子想要突破妈妈的爱，可妈妈一定会伤心。

为什么妈妈与孩子之间会存在"共生依赖"和"共生绞杀"的关系呢？

本质上，母亲也是缺爱的孩子。案例中的小明打破了母亲过度的爱，也打破了与母亲间"共生绞杀"的关系。孩子的独立意识觉醒，终于不再压抑自己的情感。但当依赖和顺从消失时，母亲觉得孩子仿佛背叛了自己。因为在她缺爱的童年，她们母女间的相处模式也是如此。现在一旦被打破，只能让母亲认为孩子不爱自己了。

因此，对于此类家长来说，要看见自己孩子的内心。学会适当地与孩子分离，学会放手。要接纳童年的自己，让自己知道那是不健康的依恋模式。

作为家长，要让孩子知道——你是你，孩子是孩子，你们是两个独立的个体。要让你与孩子在心理上有各自的一段距离。毕竟，距离真的会产生美。

作为孩子，要看到这种错误相处模式的弊端，要学会正视自己的感情，不要在压抑和错误中度过人生的好年华。

第 3 章　原生家庭篇

THE TAPPING SOLUTION

童年阴影真的会相伴一生吗

很多人说:"过去的事情都已经过去了,可以从头开始。"

可不论在过去我们经历了什么,它们都会沉淀下来,作为我们未来生活的基础。

如果一个人的童年过得舒适和安全,那么这些感受就会内化为积极生活的基础,并一直伴随着他们。他们成年后,也会变得更自信,并敢于信任他人。

事实是,很多人的童年都缺乏爱与安全感,伴随他们成长的,都是痛苦的经历。这些痛苦的经历,都在日后成了他们的童年阴影。

由于没有得到足够的爱与信任,没有建立起正常的人际关系,有童年阴影的孩子,常常性格暴躁,情绪难以控制。

他们有了讨好型人格,想谋求他人的认可;他们追求完美,对自己和他人过分挑剔；他们患上了抑郁症，每天在痛苦中度日。

也许，童年阴影就是如此的顽固。在电视剧《大时代》里，我们看到糟糕的丁蟹，就能联系到他不幸的童年。

在我们最需要爱和保护的年纪，我们的爱和安全感却被无情地摧毁。即使时隔多年，我们仍将受到它的影响。

韩先生今年30岁了，可他还没去过游乐场。

要陪孩子玩时，他第一次来到了游乐场，他的弟弟妹妹也来了。

他很开心，像个孩子一样，还对着弟弟妹妹撒娇。

弟弟很惊讶，他不知道哥哥中了什么邪。只有妹妹看出了他的异常。

原来，九岁那年，父亲答应要带他去游乐场玩，却因为一场意外，这件事彻底泡了汤。

此后，他不仅没去成游乐场，跟父母的关系也跌入了深谷。

面对开心的韩先生，妹妹只是抱了抱他，他却顿时哭得像个未成年的孩子。

精神分析大师弗洛伊德说："人的创伤经历，尤其是童年的创伤经历，对人的一生都有重要影响。"

案例中的韩先生因为童年阴影,对游乐场产生了厌恶感。

很多童年阴影的施加者,都是处于相对强者地位的人,比如父母、老师、亲戚。

对于幼小的孩子来说,他们很强势。他们影响着孩子的自我评价、人际关系、情绪管理、婚姻家庭以及人格成长。

童年阴影是否真的会相伴一生?答案是肯定的。但并不意味着,我们可以任由其发展,而不做干涉。

要摆脱童年阴影,我们就要知道原生家庭究竟在影响着我们什么。

原生家庭，究竟在影响着我们什么

几年前，女作家林奕含被发现在自己的家中上吊自杀。

她去世时，年仅26岁。而她自杀的原因，是走不出童年被老师诱奸的梦魇。

在她的小说《房思琪的初恋乐园》中，我们可以看到她究竟经历了什么。

在小说出版前，她一直没有说出自己童年时那痛苦的经历。

大家都知道，她的父亲是知名的皮肤科医生，她一直是人们口中"别人家的孩子"，殊不知，在这一切的背后，却是让人难堪的一面。

林奕含被性侵后，曾想告诉妈妈。

当她试探性地跟妈妈说学校的女同学遭遇了侵害，而妈妈只是冷冷地说了一句："一定是那个女生很骚。"

她立刻打消了念头。

她跟妈妈说："我们家好像什么都有教，就是没有性教育。"

妈妈回答："什么性教育？性教育是给那些需要性的人准备的。"

在她生前的一次采访中，谈及家庭时，林奕含说："父母对我不理解；失去健康、亲情、爱情、友情，变得一无所有。我很痛苦，很痛苦。"

童年的痛苦经历，让她患上了抑郁症，身心备受折磨。

她渴望有人来聆听她的心声，可令她失望的是，并没有人选择这样做。

林奕含的父母爱她吗？

当然爱，可这个爱，却包含着条件。

从本质上来说，他们更爱的是自己。他们更爱自己的面子——要孩子优秀，要他们努力，却并不关心他们过得好不好。

或许，我们都知道真正意义上的爱是无条件地接纳，不拿外在表现的好坏去评判孩子的好坏。可无条件的爱总归是稀有的。

心理学研究表明，原生家庭对一个人的性格、心理、行为等方面都会产生长期、深远的影响。

孩子选择用广阔的视角,还是用狭隘的眼光看待这个世界,关键在于父母。

很多父母会说:"我把什么都奉献给了孩子呀,这怎么不能是爱呢?"

但样样都满足孩子,却可能是"无原则的溺爱",它与无条件的爱是有差别的。物质条件只能满足孩子的外在需求,而孩子的内心世界则需要情感上的理解、陪伴与共情。

父母能够给予孩子情感上的关怀、理解,孩子便拥有了足够的安全感。而安全感是孩子拥有健康心理和发展出自主性的必要前提。

人本主义心理学家马斯洛曾提出需求层次理论。一个人基本的生理需要得到满足后就会有安全感的需要。也就是说,孩子的衣食住行只是基本需求,而爱与安全感才是更高级的需求。

人作为社会动物,有与生俱来的对安全感的需要。这种安全感不仅仅体现在物质层面,更多地是一种心理上的安全感——需要被爱、被接纳与被认可。

对于孩子来说,父母对自己的接纳与认可,是他们获得安全感的唯一来源。如果失去了父母的认可与接纳,他们的心理层面就会出现各种问题。

很多父母有强烈的攀比心理,尤其喜欢攀比孩子的学习成绩,习惯性地拿自家孩子与别人家的孩子进行对比。在攀比的过程中，孩子就会产生巨大的心理压力。在父母的高期待下，孩子的自主性很难发展出来。

当孩子失败了，没有达到父母的期望，父母不去鼓励和安慰，取而代之的是批评和否定，孩子身心就会感到强烈的压力。如果失败的次数多了，时间一长，他们就会对自己失去自信心，甚至会把父母的长期批评和否定，内化成自己的习惯。

但如果孩子感受到的爱是无条件的，他们就不必为了讨父母的欢心去做什么。这个时候，孩子对世界的探索欲就会主动生发出来。

有了这样的安全感，孩子便不会把挫折当作一种"如果我做得不好，父母就会嫌弃我"式的威胁，而会执着于自己的选择，努力解决难题。

强迫性重复：命运之轮在你的潜意识中运转的秘密

案例1：你有忘带钥匙的习惯吗？反复提醒自己，下次一定要带，结果下一次又忘记了。

案例2：考试没通过，你告诉自己下次一定要认真准备，可最终还是没准备。你有过这样的情况吗？

案例3：在你的数段恋情中，因为相同原因分手的情况有几次？

很多人认为，自己有许多机会可以补救。然而事实上，即使给你再多的机会，你仍旧会继续犯错。

很多人十分相信命运。然而所谓的命运，在很多时候都是强迫性重复所带来的结果。

"强迫性重复"是心理学家弗洛伊德提出的概念。

在观察5岁的孩子时,他发现——男孩反复将一只玩具丢到自己看不见的地方,又反复去寻找它。在经历了一件痛苦或快乐的事情后,人们会不自觉地反复制造同样的机会以便体验同样的情感。

强迫性重复有一个特点就是"不自觉",它隐藏在我们的潜意识里,很难被人真正发现。

为什么我们身上会发生强迫性重复呢?

强迫性重复一般有三个动力在驱动。

第一个动力是对自己忠诚。忠于自己,忠于完成自己没有达成的愿望。

第二个动力是为了改变自己内在的压抑。我曾听说过这样的一则案例:女孩的父亲有暴力倾向,她从小在担惊受怕中度日。长大后,她谈了恋爱。很奇怪,在恋爱中,她总是要激怒男朋友。一旦男朋友发脾气,她就觉得很安心。可在与他人相处的关系中,女孩一直都表现得很温柔。这或许是因为女孩与父亲之间的关系是压抑的。她对父亲有愤怒,可无处发泄,直到她有了属于自己的亲密关系。在亲密关系中,她一改自己的温柔,暴露出潜在的愤怒,是为了表现自己的强大,认为自己有能力去对抗,而不是选择继续压抑。

第三个动力是渴望获得爱和关注。很多小孩总是习惯于装病,可能内心是想获得父母对他的关心。只有父母将焦点放在了他的身上，他才觉得自己的存在是有价值的。

《复仇》里说:"忘记过去的人注定会重蹈覆辙,忘不了过去的人亦会重蹈覆辙。"

心理学研究发现,大脑有一个自我保护的功能——遗忘痛苦。也就是说,我们容易好了伤疤忘了疼。于是,我们总是容易陷入强迫性重复的怪圈。在一个圈子里循环久了,我们就会不自觉地相信:一切都是命运的安排。然而,事实本来不是如此。

每个人都是自我世界的创造者

每个人都有自己的"三观",且不断受着三观的影响。你如何对待你自己,你就可能会被世界如何对待。你的自我评价,往往也会演变成世界对你的评价。

自我评价是对自身价值整体主观的评价,也就是你对自我的认知。你如何看待自身的价值,都是你的自我价值感的重要组成部分。

人的自我价值感包含了对自己的信仰,譬如"我是个受他人喜爱的人""我值得拥有更好的""我很重要",也包含了自我情感的状态,譬如自信、骄傲、羞愧等。这些都是你的潜意识里对自我存在的总定义。

那我们的世界又是如何被创造的呢?

这涉及自我价值感和潜意识的关系。潜意识是我们心理活动中没有被察觉的底层意识操作系统,它全面影响着我们的身体和心理功能。潜意识的决定性作用,最终会显化为我们的物质实相。它对我们的行为和想法的影响很大,譬如影响着我们喜欢的饮食、审美及生物钟等。

而自我价值感作为潜意识的一部分,主要影响一个人的内在自我价值判断。它会逐渐形成每个人的自我信念和价值判断标准。同样地,它也会显化在物质层面。

如果你的内在对自我的接纳程度不够,就会不容易相信自己,不相信自己能无条件被爱。只要外界对你做出一些否定评价,你的内心就会产生投射——"我不行"。

来访者莉莉是一位世界500强公司的高管,可她从不乱花钱。每一笔开销,她都记得清清楚楚。她甚至觉得300元一件的衣服太贵了,尽管她月收入超过10万元。

她30岁了,还没有谈过恋爱。她的颜值中上,可她总是很自卑。

莉莉的自我价值感很低。莉莉被困在里面,永远觉得自己不够好,哪怕自己已经非常出色了。

过低的自我价值感会限制自我更好地体验和发展。

也许，莉莉的问题来自她的原生家庭。在长期遭受否定的环境下长大，她觉得自己是一个不值得被爱的人，是一个毫无价值的人。

莉莉将外界环境对自己的影响和评价内化为自我认知。

这是她的投射性认同。通过投射性认同，她认同了父亲对她的否定，认同了她不值得被爱，所以她才会极度渴望被父亲肯定。

莉莉闯出了一片天，却因为她的低自我价值感认知，影响了自己的幸福。

一个人对自己的自我价值的评价，与家庭成长环境有着密切的关系。

自我价值感来自别人的认同，因为价值本源于评价。小时候，父母对你的评价会对你的自我价值感产生深深的影响。

不过，虽然我们的性格先天就得到了建构，可我们也能够改变自己的性格以及对自己的认同与接纳。

即使你不是一个完美的人，但你也要相信——你值得被爱。要学会看见自身的价值，看到自己的闪光点，勇于走出自己的舒适区，敢于同他人争论。

一旦你做到了这些，你也能发现你并不是一个糟糕的人。或许糟糕的从来仅仅是一小部分人对你的评价罢了。

发现自己和母亲越来越像，为什么

有没有一个时刻，你被他人说很像自己的母亲？

当被这样说时，你有没有一丝惶恐，或者恐惧，甚至是厌恶？

也许，很多时候，我们曾经以为不会发生的事情，它就真的发生了。你对自己说绝不会成为母亲那样的人，可到了最后，你却食言了。

之所以变成母亲的翻版，有可能是出于对母亲的认同，而认同的内容是由母亲和孩子建立的情感联结方式决定的。

来访者小卓告诉我——母亲是一个趾高气昂的人，一回到家，她就感到无比压抑。

可等她成了母亲，她发现对待自己的孩子时她也变成了自己的母亲。

或许，她一直对自己的母亲有着深刻的认同。那么，我们是如何形成对母亲的认同的呢？

对母亲的认同，一般源自生理认同和心理认同两方面。

从生理上来说，在7岁前，孩子的大脑处于高速发育期。

在这个阶段，母亲通过对孩子吃穿和情感的回应，双方建立起情感联结，继而影响孩子大脑的神经元和脑电波，从而塑造大脑神经系统的运行模式，最后成为我们反应模式的生理基础。

对于婴幼儿来说，他们无法从母亲的脸上、眼里看见情感的回应，就会影响大脑中镜像神经元的发育。而镜像神经元是心智化的生理基础。

心智化的核心功能有两个部分：一是理解自己和他人的情绪、情感；二是理解情绪、情感背后的原因。如果镜像神经元发育不足，一个人的心智就受到不同程度的损害。

在心理认同中，如果母亲不理解孩子的情绪、情感，那么孩子长大之后就难以理解自己与他人的情绪、情感。

孩子的潜意识总是与母亲同频。经过长时间的相处，这样的同频也塑造了孩子的大脑。

那么，我们是如何认同母亲的呢？

或许是这三个方面（躯体自我、情绪自我和表征性自我）在发挥着效力。

心理学家弗洛伊德说:"最初和最重要的自我,就是躯体的自我。"每一个人的身体里都藏着很多自己都不记得的事,尤其是创伤记忆。

婴儿最初的体验都从生理方面感知,譬如吃喝拉撒。这些体验都被记录表现在大脑和身体里,譬如吃饱后的幸福感、睡在妈妈怀抱中的安全感、大哭时没人哄的焦虑感。这些身体体验,是我们最初也最重要的体验,它构成了自我的基础。

接下来是情绪自我。

情绪是多种感觉、思想和行为综合产生的心理和生理状况,比如愤怒、悲伤、羞耻、内疚、恐惧、焦虑、喜悦等。

心理学家弗纳吉提出:"情绪调节是自我发展的基础,依恋关系是首要的心理环境。"

在依恋关系中,母亲养育孩子的方式决定了孩子会如何对待自己的情绪。

在生理上,婴幼儿的情绪总与母亲同频。孩子在被母亲养育的过程中,持续被唤醒的情绪会通过大脑神经系统和身体细胞的记忆,成为一个人的核心情绪。

因此,母亲养育孩子的方式既决定了孩子的核心情绪,又决定了孩子是如何调节情绪的。

如果孩子没有达到母亲的期望,孩子的内心感受就是自卑。在他成年之后，他就会有很低的自我认同感。

为了回避这种自卑感，他会努力追求更好的目标，或是讨好他人。

表征性自我则是指信息在头脑中呈现的方式，也就是我们在头脑中感知的自己。

比如，"我是自信的""我是值得被爱的"，这种对自己的感知就是表征性自我。

而我们对自己的感知，是透过母亲对待我们的方式形成的。

之前，我提到——自我价值感在初期来自别人的认同。在我们小的时候，只有依赖父母的照顾才能生存下来。所以，父母的认同和喜爱是我们的自我价值感的唯一来源。

在多数情况下，母亲与我们的接触最多。因而，我们总是透过母亲的脸、眼睛和言行来感知自己，从而形成表征性自我。

我们的情绪、情感都围绕着表征性自我而建立。我们总在认同和内化母亲的过程里塑造自我，形成对自己和他人以及整个世界的感觉，这就是我们会觉得自己与母亲越来越像的原因。

不断地重复父母的亲密互动方式，如何避免

心理治疗咨询师萨提亚认为一个人和他的原生家庭有着千丝万缕的联系，而这种联系有可能影响他的一生。

每个人都希望在一个幸福的家庭里长大。然而我们忽略了一点，父母双方作为家庭的主要成员，他们不可避免地带着各自原生家庭的烙印。

而父母对孩子的教育，也会不自觉地复制原生家庭的内容，从而传递下去。

心理学上有个名词叫"代际传递"，意思是那些你觉察不到的认识和行为会潜移默化地遗传给你的下一代。

如果父母之间的相处方式健康且和谐，我们便能学会很好地与他人相处。如果父母之间的关系伴随着争吵、流血、暴力，那么遗传给我们的也是一个不健康的方式。

来访者圆圆告诉我——从她记事开始，她的家庭就伴随着争吵。

每次，看着父母使用语言暴力去攻击对方时，她都坐在沙发上哭泣，但没人在意她的感受。她多么希望父母能好好交流，一起解决问题。

等圆圆长大时，也有了自己的男朋友。但不久，两个人就分手了。后来她又找到新的男朋友，但相处中的错误仍旧在延续。

可以发现，圆圆一直在寻找类似于她父亲那样的男人，但同时她又十分痛恨父亲那样的男人。

在亲密关系中，圆圆变成了她的母亲，拥有付出型人格，却无法换来男朋友的心。

想要避免重复父母之间的亲密模式，你需要从发现问题开始。

渐渐地，你会感受到你和父亲之间关系的痛，并且开始意识到你父亲不够爱你，并不是因为你不好，只是他不知道如何做。然后你要去接触那些愿意和你在一起，愿意爱你、给你温暖的人，也许之前你眼里没有他们，即便他们在那里，你都找不到他们。

这是因为当时的你固化在从父亲身上得到的模式里，你一直在吸引那些没空理你的男人，还希望改变他们。你认为你改变的足够多了，他们就会爱你，或者你足够爱他们，他们就会改变。你要知道这些都不会发生，背负这样的模式是没有用的。

你可以告诉父母，你爱他们，你尊重他们，但是你不需要去重复他们做过的事情，你需要去选择对你更好的事情。

我们嫌弃、讨厌、看不惯、指责、控制一个人，本质上来说，就一个原因：缺乏安全感，所以总是抱怨对方"你为什么看不见我"。

人本主义心理学家马斯洛说，安全感是人类最基本的心理需求之一。特别是对女性而言，是否能体验到安全感，直接影响到她们的生活状态。

安全感的缺乏会消耗你的能量，让你习惯用愤怒、疏离、焦虑、冷漠等情绪来推开对方，难以体会亲密关系中的甜蜜和美好，难以获得一段幸福的亲密关系。

在父母的关系中没有见过安全依恋关系模样的孩子，会在潜意识中习得和复制这种不安，长大后也很难发展出健康的亲密关系模式。

但是，你要相信，我们可以在后天付出努力，去改变我们复制的模式，让自己获得安全感。只要你努力并下定决心，一定可以做到。

如果你想加快改变的速度，那就需要找专业的心理咨询师帮忙，他们能帮助你提升觉察力。

只要你勇敢地面对之前的问题,通过一次次的探讨,让潜意识浮出意识层面,那么原先亲密关系的互动模式就会得到改变和疗愈。

不想谈恋爱、不想结婚的女孩

恋爱、结婚本质上是一件顺其自然的事,而如今一项关于婚恋观的调查结果显示,选择不结婚的人比十年前增加了约20%,倾向于不结婚的人群中,女性占据了绝大多数。

越来越多的女孩不想谈恋爱,也不愿意结婚,很大一部分原因是现代女性的崛起挑战了传统的"性别刻板印象"。在心理学上,"性别刻板印象"指的是长期以来在社会中对于某个群体形成的偏见。

比如,旧社会讲究"男尊女卑",而现在,"男尊女卑"的观念已经遭到摒弃,女性在经济上也更加独立。她们愿意追求自己想要的生活,而不是被一个家庭所束缚。

在夫妻组建的家庭中,经济功能是最原始和最重要的功能。曾经女性要依附男性才得以生存,而现在社会进步了,女性在经济上越来越独立，她们在职场上打拼，甚至比男人做得更好。这往往导致女性对亲密关系的要求也越来越高，她们更加渴望各个方面都与自己匹配的伴侣，如果不能找到，宁可选择单身。

人本主义心理学家马斯洛提出了需求层次理论，最高层次的需求是自我实现。比起传统时代的女性满足于相夫教子的生活，越来越多的现代女性已经不缺乏基本的物质需求，她们更希望自己能够像男性一样，实现更多的可能。

当自我实现的需求和情感婚姻发生冲突时，她们会相信安全感是建立在自己强大的基础上的，所以她们会更关注自我的发展，而不是依附在男性身上。

当然，除了经济上的条件外，很多女孩不想恋爱或结婚，本质上是没有一个正确的恋爱观。如果恋爱观不正确，她们就会在感情中遇到许多问题。谈一次恋爱，恋爱中的问题得不到解决，那么，不管之后谈了多少次，都存在着相似的问题，重复着相似的错误，谈恋爱只会让她们越来越累，最后她们会选择拒绝陷入一段亲密关系中。

很多女孩从小肥皂剧、言情小说看多了，特别迷恋霸道总裁的角色，觉得自己要找的对象一定是高富帅，有颜有才。然而，当她们走进一段亲密关系后，得到的却是一次次的失望。

来访者玲玲，身材高挑，肤白貌美，事业发展也不错，身边追求者很多。可是，玲玲已经保持单身五年了。原来，她对自己选伴侣的条件非常苛刻，她曾经谈过的许多伴侣，在外人眼里已经特别优秀，对玲玲也特别好了，但是玲玲永远不知满足，每次在一段亲密关系中，都会把对方的感情"作"没了。

恋爱不成功，玲玲永远都不认为是自己的问题。她说："我已经这么完美了，我都没觉得他们配得上我，我不过是希望他们按我的要求去改变而已，这很难吗？"

恋爱屡屡受挫，玲玲觉得，自己一定要找一个什么都顺从自己的男人，不然就要一直单身。果然，玲玲单身了好多年，都没遇到自己想要的那个男人。

有的人不愿意谈恋爱，就是像玲玲一样觉得自己太好了，好到没有人可以配得上自己，她们一定要找一个完美的人才会谈恋爱。这其实是对恋爱的认知出现了偏差，不能够认识到恋爱的本质是什么。

心理咨询师胡慎之老师说，恋爱的本质应该存在三种角色，伴侣应该是自己的玩伴、老师，并且双方互为镜像。

要怎么理解这三种角色呢？

玩伴，简单理解就是陪着你一起玩耍的意思。

很多人谈恋爱，也许并不是因为爱，只是想找个人陪，不想一个人吃饭，一个人逛街，一个人看电影。这时候，伴侣扮演的就是玩伴的角色，他能陪着你一起做许多事情，让你脱离一个人的孤独。如果你谈了恋爱，很多时候就是两个人在一起，一起分享乐趣，一起享受二人世界的甜蜜。

伴侣也应该是你的老师，他会让你在一段关系中得到成长。很多女孩谈恋爱以后，会渐渐发现自己在改变，不管这个改变是为了自己，还是为了对方，只要它是一个好的改变，那么你就在伴侣的陪同下，获得了成长。

但是，有很多恋爱，不但没有使人得到成长，还让人变得更坏、更堕落。比如，最近几年盛行的PUA（全称"pick-up artist"原意指"搭讪艺术家"，后来泛指很会吸引异性、让异性着迷的人和其相关行为），男性把女性当作一个利用的工具。

PUA是一种精神控制的手段，据网上报道，很多精神受男友控制的女孩，为了满足男友的需求，帮男友做过许多伤天害理、违法犯罪的事情，葬送了自己的人生。这样的恋爱关系，注定是会失败的。

恋爱没有门槛，却有高低之分，恋爱中的老师角色，会让你在一段亲密关系中受益无穷，而一段高质量的恋爱，伴侣一定是你的老师。

那么，怎么理解互为镜像呢？互为镜像就是两个人有许多相似之处，能在彼此身上看到自己的影子。这也是为什么很多女孩喜欢上一个人，其中一个理由是觉得自己与他很像。相似性产生的共鸣，会让彼此吸引和靠近，两个人的感情因此得到升华。

如果一个人对恋爱的本质认识不清，那么她在恋爱中一定会遇到各种各样的问题。很多女孩在恋爱中希望对方能够很好地照顾自己，为自己安排好一切，让自己得到足够的爱与安全感。像这样把希望寄托在恋爱上，这段恋爱关系注定会出现问题。

也许这些女孩从小目睹了父母不和谐的亲密关系，她们渴望逃离，又害怕分离，希望对方能够好好照顾自己，带着自己脱离不幸福的家庭。也有可能是这些女孩从小被父母娇生惯养，丧失了独立性，习惯了依赖，所以希望自己的伴侣对自己百依百顺。但不管怎样，如果你在恋爱关系中是一个比较自我的状态，你就难以与对方产生合作共赢的关系，这样的恋爱关系也是难以幸福的。

除了恋爱观不正确，在恋爱中屡屡受挫，以致于许多女孩不想恋爱外，很多女孩不想结婚的原因，是因为不想受父母控制。

很多独生子女家庭，父母对自己的孩子过度宠爱，还过度控制孩子，干涉着孩子的学业、婚姻、工作等人生大事。孩子慢慢长大后，自我意识逐渐强烈，渐渐地不想听从父母的安排。等她们到了谈婚论嫁的年龄，父母开始催婚，安排各种相亲。为此，孩子与父母的矛盾越来越大，她们拒绝结婚，本质上是为了对抗父母。

当然，除了父母的因素，婆媳矛盾也是让女性不愿意结婚的原因。女孩在婆婆家受尽了委屈，丈夫却永远站在他妈妈那边，女孩得不到丈夫的疼爱饱受打击。这样的情况让很多未婚的女孩恐惧结婚，她们嘴上说是怕伴侣以后对自己不好，其实是怕伴侣站在他妈妈那边，一起对付自己。

总的来说，那些不想恋爱、不想结婚的女孩，有的是在恋爱中受了许多伤害，不相信爱情了；有的是自己太过独立，太追求完美，觉得只有完美的伴侣才能配得上自己；有的是把自己当成了被照顾者，想要在感情中得到安全感，却屡屡失望；有的是为了对抗父母；有的是害怕婆媳矛盾……

不管是什么原因，你都要认清恋爱与婚姻的本质一定是两个人的共同努力，不是一个人的打单独斗，共同经营的感情，一定好过单方面的索取与给予。愿每个女孩都能在成长过程中努力争取到属于自己的美好爱情。

第 4 章　超越自卑篇

● THE TAPPING SOLUTION

克服情感困扰,你需要这样做

来访者小思介绍自己和男友交往已有4年,两人感情一直不错,可最近遇到了麻烦。

原来,小思的男友出生于农村,父母都是地地道道的农民,而小思却在城市里长大。除此之外,男友没房没车,母亲总劝小思与男友分手。

小思不愿与男友分手,但又不想与母亲吵架。左思右想之后,她觉得很为难。

许多父母习惯于掌控自己的子女,常常因为子女的反对而痛苦不已;而作为子女,如果不遵从父母的意愿,自己也会感到内疚。

如果父母与子女间的关系过于紧密,彼此的情绪和责任就会混淆。

长此以往，父母和子女的交往就会失去该有的边界。

我们该如何去应对在父母与爱人之间抉择这样的两难困境呢？

或许，我们要学会"课题分离"。

课题分离是心理学家阿尔弗雷德·阿德勒提出的重要理论。这里提到的"课题"，指的是我们生活中遇到的各种事情，譬如吃饭、睡觉、社交、恋爱、结婚等。

课题分离，换句话说就是——每个人有各自的课题，每个人也都应该管好自己，不要去干涉他人。

那么，该如何分清课题到底属于谁呢？

判断这个课题究竟属于谁，就要看最后的承担者。而在这个案例中，小思无疑是最后的承担者，而非她的母亲。

既然是小思的课题，她就有责任为自己的人生负责，并非听任自己的母亲来对自己的未来横加干涉。

生活中，许多人不愿遵从父母的意愿，但也不想为自己的行为负责。这就意味着你尚未实现独立。

我们并不需要得到父母时时刻刻的认同。承担父母对自己的失望，也是我们成长过程中的重要课题。

那要如何做到课题分离呢？

首先，你一定要实现经济独立。如果你经济上独立了，就会减少父母对你日常生活的粗暴干涉。同时，他们对你的担忧也会变少。

其次,我们要做到责任的厘清。不要让父母为我们的事情担惊受怕,不要增加他们的生活成本。做到这些,你也能得到父母的信任。

最后,你一定要相信自己的能力和意志力。

作家三毛在《简单》里说:"我避开无事时过分热络的友谊,这使我少些负担和承担;我不多说无谓的闲言,这使我觉得清畅;我尽可能不去缅怀往事,因为来时的路不可能回头;我当心地去爱别人,因为比较不会泛滥。我爱哭的时候便哭,想笑的时候便笑,只要这一切出于自然。我不求深刻,只求简单。"

心理学家张德芬在《遇见未知的自己》里说:"这世界上只有三件事:理好自己的事,少管别人的事,放手老天的事。"

理解每个人是如何为自己负责,减少一些去掌控别人的妄念,这是我们实现课题分离的最好方式。

找到你的安全感，相信自己值得被爱

一到考试前，就怀疑自己的学习能力；

刚开始考驾照，就觉得自己要失败了；

培训到一半，就觉得自己要被淘汰。

失败的经历多了，自我价值感也会变低。经常性无意识的自虐是由于强迫性重复而产生的，而强迫性重复又会让你觉得自己不配被重视和认可。

把事情的失败都归结为自己能力的不足，这也是强迫性重复在引导思维。每个人都害怕强迫性重复，它让我们拒绝了美好的事情。

从意识层面上看，强迫性重复好似一点好处都没有。但从潜意识层面分析，这样做的好处也有很多。譬如，它让我们不断重复以往的模式,而重复会让我们感到熟悉,熟悉了就会产生安全感。

对于大多数人来说,那种糟糕的感觉是熟悉且安全的,因而处理起来也会变得得心应手。而那些美好的感觉却是陌生的,人们不知道要如何去面对。

那么,我们要如何做才能找到安全感,相信自己是值得被爱的呢?

我们需要去冒险。这里说的冒险,是指走出旧关系,迈入新关系。

走出旧关系意味着当你遇到困难时会面临孤立无援的境地,也意味着你需要在内心深处跟小时候的自己说再见。

迈入新关系意味着你可以去重新体验爱。虽然现实一定很残酷,但当我们用积极的态度去应对生活时,我相信未来一定是美好的。

在一段新的关系里,我们的自主权也会变得更大,选择权也会变得更多。

影响我们最深的父母,也许现在依然会否定我们,但我们已经不是小时候的我们了。

我们有能力去反抗他们的意志,去和他们产生思想的碰撞。自然,我们也有勇气让他们失望,我们没有义务要完成他们的期待。

  当你真的与过去的旧关系告别时,你的安全感也会慢慢增强,爱与被爱的能力也会相应提高。

找到你的潜意识，不断驱动人生向前奔跑

你是不是常常这样想：我究竟是个什么样的人？为什么从来没有人真正了解我？我到底想要什么？

焦虑、迷茫、找不到方向，这些都是我们日常生活中的正常情绪。从意识层面分析，也许我们怎么样挣扎，都难以摆脱困惑。但在潜意识层面，这些问题的出现或许都能找到答案。

很多人以为，我们能够控制自己的想法、身体和行动。但实际上，很多时候，我们做出的选择都是由潜意识去完成的。

心理学家武志红曾分享过这样一则故事：

一位17岁的男孩因小儿麻痹陷入瘫痪，必须靠轮椅才能外出。

男孩接受了自己瘫痪的事实，但他还是想要站起来。

第一次，医生说他"活不过明天"；第二次，医生说他"永远

也站不起来"。

最后，他不仅站了起来，还靠着一艘独木舟以及简单的粮食和设备独自畅游了密西西比河。

也许，我们都听过他的故事。他就是享誉全球的催眠治疗大师、短程策略心理治疗的鼻祖——米尔顿·艾瑞克森。

也许，每个人都有自己独特的生命状态。只有接纳你自己，让潜意识层面的能量流动起来，才能活出生命的真正意义。很多时候，我们的日常行为，都是内在潜意识推动的结果。

心理学家荣格说："当潜意识被呈现，命运就被改写了。"

在每个人的未知区域，都存在着没有被探索和发掘的潜能。那么我们要如何去利用这份潜能，让潜意识服务于我们的日常生活呢？

也许，你需要通过自我觉察去清理自我设限。

你要将那些阻碍你的声音，譬如"我没能力，我不行，我做不到"等摒弃在外。你需要对负面的声音说："我可以，你们别来打扰我。"

通过积极的自我暗示，你的潜意识也会慢慢由消极转化为积极。在意识层面，你通过努力来证明自己；在潜意识层面，你通过不断的积极暗示来帮助自己。

当然，如果你有难以诉说的心结，你可以通过心理咨询来帮助自己。很多人觉得心理咨询是有精神障碍的人才会去接受的医疗服务，但事实并非如此。很多时候，接受心理咨询能帮你更好地实现自我探索，防患于未然。

当你找到了自己的潜意识，它能带你找到问题的根源，继而疗愈自己，真正迈出改变的步伐，不断驱动人生向前。

父母带给你的伤害，你可以选择不原谅

来访者小清今年20岁。在这个本应该活力四射、前途似锦的年纪，她却早早辍学了。

她结了婚，生了孩子。劳碌的生活逐渐使她丧失了生活的信心，而原生家庭对她的伤害也让她丧失了勇气。

从小到大，她没有感受到丝毫来自父母的关心。在她的叙述中，我了解了她的心情。

也许就如小清一样，那些被原生家庭伤害过的孩子，一辈子都会记得父母对自己不好的地方。

童年时期的小清，长期压抑着自己的真实情感，一味去迎合父母。而长大后渐渐独立的她，却被那些"我都是为你好"的话束缚住了手脚。

对小清来说，一句来自父母的道歉好似永远也等不到了。

在无数次的沟通失败之后，小清选择了闭嘴。

她说："在他们眼里，他们是高高在上的人，我是跪地乞讨的乞丐，我无权指出他们任何伤害到我的地方。只要我指出来了，那我就是忘恩负义……"

传统文化教育我们要尊重父母。可有的父母并没有意识到——孩子也是人，也有自己的情绪。孩子并不是父母的"物品"，更不是他们可以为所欲为的"工具"。

父母不能与孩子共情，让孩子遭受了心理伤害。精神层面的认知匮乏，也让父母缺失了一定的"共情能力"。

因此，他们很难站在孩子的角度上来理解孩子的感受。很多时候，父母对孩子的"伤害"，更多的是一种本能反应。

但是，父母带给你的伤害，你可以选择不原谅，因为他们对你的伤害，不会因为你长大就适可而止。

作为孩子，你可以表达对父母的愤怒。当你能够合理地发泄情绪时，就是你自我觉醒的开始，也是你自我修复的必经之路。

孩子生来就对父母有依恋，但有些父母会辜负这种依恋。如果孩子被辜负了，他们就会产生愤怒的情绪，这也是正常的情绪流露。可有些人习惯了压抑，对这种愤怒选择了回避。

当愤怒不能得到发泄，它就会越积越多，你的心理也会受到越来越重的伤害。许多人患上抑郁症、焦虑症等精神疾病，本质上也都是他们不能正确地去面对真实自我的结果。

朋友们，要学会去面对自己的真实情绪，接受不能原谅父母的事实。

当我们真的接受了现实，感觉"过去的已经过去了"，我们才能真正接纳自己的过去。

只有这样，我们才能和过去告别，开始重新起航，继而改善与父母的关系。

斩断原生家庭对自己的影响,重获幸福

如前文所说,如果原生家庭伤害了你,给你造成了巨大的心理创伤,你可以选择批评父母。批评父母不代表你不尊重父母,反而是改善你们亲子关系的充分条件。

每个人都爱自己的父母。但我们要知道——批评父母,并不是否定他们的付出。

很多时候,原生家庭让我们产生了羞耻感。这里的羞耻感是指"我的存在就是个错误""我觉得我就是个错误"这一类的自我认知。这样的羞耻感让我们时刻处于伪装的状态。

譬如,你性格内向,而为了让自己不害羞,你选择强迫自己去社交,去讨好周围的人。而这种内心的匮乏感,甚至会诱使你去刻意奉承对方。

其实这种匮乏感,常常与自己的早年经历息息相关。父母不恰

当的养育方式，会使得孩子养成"讨好型人格"。

因此，我们需要深刻地认识原生家庭对我们的影响。我们要学会为自己负责，而非为父母负责。

要摆脱原生家庭的负面影响，当然不能只靠指责父母。很简单，指责会让我们免于痛苦，但无法使我们成长。我们还需学会内省，学会自我觉察。

《论语》中说："吾日三省吾身。"一个喜欢内省的人往往能够不断调整自己，摆脱一些不好的心理影响。

在《突围原生家庭》一书中，有这样一则故事：

利昂讨厌自己的同事埃里克，但他喜欢内省，他没有让这种不好的情绪粘连上童年的创伤，并蔓延开来。

他很快觉察出自己不喜欢埃里克并不是因为他这个人有多么不好，而只是因为自己嫉妒他的成就。

在承认这个事实后，利昂已经意识到——出于这样的动机去对待埃里克，这本身就不公平。

于是，利昂决定摒弃自己的嫉妒心，与埃里克友好相处。

利昂的内省使他感知到了自身的自卑感，他积极应对了这种感受，不仅处理好了与同事的关系，自己在工作上也取得了不小的进步。

如果利昂缺乏内省精神，不承认他讨厌埃里克是因为嫉妒，就会受到内心的诱惑去打击对方或是在别人面前嘲弄贬低对方。

这样做的话，只会让人际关系陷入僵局。

那么，要如何学会内省呢？

首先，拿出笔和纸，写下一些你经历过的场景。譬如，上一次产生负面情绪时，你干了什么？你为什么会有这样的负面感受？你那时候说了什么伤人的话、做了什么伤害人的行为吗？

其次，写下解决问题的方法。如果下次遇到类似的情况，你要怎么做？你能不能选择换一种说话方式去应对？给自己几秒钟的时间，思考自己应该怎么做。

最后，反复练习几次，熟悉这种崭新的解决方式，并重复使用它，直到你养成习惯。

也许你会说，原生家庭已经让我养成了不好的习惯，自己很难做到时时刻刻内省。但如果你有意识地去选择观察——原生家庭带给你的负面情绪是如何影响你的生活的，而你的保护策略又是如何影响你的抉择的，那么就够了。

如果你能发现问题的存在，那么就离解决问题不远了。

第5章 走出孤独篇

THE TAPPING SOLUTION

你的孩子有足够的安全感吗

有这样一则故事,我把它写下来与诸君分享。

一位妈妈的三宝出生后,她变得很焦虑。只要三宝一哭,她就会无缘无故地冲其他两个孩子吼。

渐渐地,只要每次被吼,其他两个孩子都会选择站在一边抿嘴低头,手足无措地用手指捏着衣角。

有一次,同样的事情再度发生了,只见两个孩子委屈地钻到了奶奶怀里,哭着说:"我不喜欢这个妈妈了,你带我走吧。"

孩子的话像针一样刺痛了她!

她选择去做心理咨询,医生告诉她——孩子回避母亲,是心理遭受创伤后的一种表现,因为他的安全感受到了伤害。如果孩子失去了安全感,他不会再信任父母,在情感上强行和父母中断了连接,和父母拉开了距离,心中会怀疑"父母是不是不爱我了"。

而孩子是否有安全感,源于小时候和妈妈是否建立了安全的依恋关系。

精神分析师约翰·鲍比提出了"依恋理论"。"依恋理论"认为:与妈妈建立亲密情感纽带的倾向是人类的天性,贯穿了一个人的一生。

如果孩子与母亲的依恋模式是安全的,那么当孩子遇到困难时,他们就认为爸爸妈妈一定会回应、理解和帮助自己。这样的孩子是被爱与被接纳的。

拥有安全依恋的孩子,往往拥有坚韧的生命力,也更加自信,敢于探索,具有创造性,有着很好的情绪调节能力。

但如果孩子缺乏安全感,就很容易陷入自卑情结。在成长的过程中,他会活得焦虑、紧张,即使成年以后也难以摆脱这样的状态。

来访者小蝶说自己一年换了4份工作。在职场上,她常常因为不善处理人际关系而最终辞职。

我问她:"你想做什么?有没有对自己的职业规划?"

小蝶说:"我也不知道。"

很难说，小蝶不是因为没有归属感而想要逃避。

在感情上，小蝶也常常患得患失，她会习惯性地讨好或控制对方。

最后，两个人还是分手了。

小蝶说："我陷入了深深的焦虑之中，看着身边的人幸福美满，而我却总是食欲不佳。我不知道具体原因是什么，也不知道该怎么办。"

小蝶对生活感到迷茫，找不到方向。在一段亲密关系里，她也感到痛苦和无助。究其原因，本质上来说是缺乏安全感。

而安全感，是人最基本的心理需要。它会对一个人的工作、爱情、家庭产生重要的影响。

要建立安全感，就要回到我们的幼年期，在与妈妈的依恋关系里去寻找。

现在，我们来梳理一下那些不安全的依恋模式。

矛盾型依恋：如果婴儿需要妈妈时，妈妈只是偶尔对孩子提供回应、理解和帮助，而更多的时候，妈妈只考虑自己的需要。长此以往，孩子为了引起母亲的注意，可能就会选择大哭大闹。孩子渴望被母亲关注，就容易产生分离焦虑。如果妈妈离开了，孩子会觉得愤怒和不安，而妈妈回来之后，孩子又会哭闹，难以安抚。

回避型依恋：妈妈很少或不会回应孩子的需要，时常表现得很冷漠，孩子常常感觉到被拒绝。因为缺乏爱和支持，不管母亲是否在身边，孩子都表现出一种"无所谓"的态度。母亲离开了，孩子既不会反抗，也不会焦虑不安。而母亲回来后，孩子往往也不予理睬，几乎没有很开心的表现。

混乱型依恋：被父母虐待或是那些被充满敌意的人对待的孩子，常常形成混乱型依恋，这也是最不安全的依恋模式。这类孩子的行为表现常常杂乱无章，缺乏组织性，有的孩子可能还会虐待小动物。

可以看到，安全型依恋则是良好、积极的依恋，矛盾型、回避型和混乱型的依恋模式，会对孩子亲密关系的建立产生一定阻碍。

每种依恋模式一旦形成，都会表现出相对的持久性。在孩子9个月时，对妈妈的依恋会成为模式固定下来。到孩子3岁时，它就会形成稳定的"内在工作模式"，并且可能持续一生。

你也许会有疑问：一个人婴儿时期的记忆，会随着时间的推移而丧失，怎么会产生这么大的影响？

有人为此做过实验。

1963年，加州大学的医学院做了一项了不起的心理学研究，他们记录了76个婴儿从出生起到30岁的成长经历，从实证研究的角度验证了依恋模式对人的持续影响。

其中，一位名叫尼克的男孩表现良好。他从小就得到了父母充分的回应和照顾，安全感得到了充分的满足，最终形成了安全型依恋模式。

30岁的尼克在接受访谈时提到，他还记得小时候和母亲去广场游玩的经历，这种温暖的感觉一直到现在都令他记忆犹新。

从尼克的故事中，我们可以看出尼克的母亲对他的无条件的爱护。母亲积极参与尼克的日常活动，对他的兴趣表示充分的支持和尊重。

在访谈中，尼克的爸爸说："父母能够给予孩子最重要的东西就是被爱的感觉，无论这世界怎么变化，家里的事都不会有任何变化。"

尼克和父母之间这种安全、信任的依恋关系一直持续到他成年。

一个人孩提时的经历，构成了他认知的基础。他对自我、对人际关系、对这个世界的态度，都受到他小时候安全感满足程度的影响。这些对安全感的身心记忆，会被储存在一个人的潜意识当中，形成一个人认识世界的根基。

孩子是否有足够的安全感，取决于你是如何对待他的。如果你没有和你的孩子建立起一个安全依恋模式，你可能会很焦虑。

不过别担心，虽然依恋模式具有持久性，但当你对待孩子的方式发生改变时，依恋模式也会发生改变。只要你有耐心，孩子一定会建立起稳定的安全感。

总是挤眉弄眼的孩子

看到孩子挤眉弄眼,家长会觉得孩子身上有坏毛病,然后批评和指责孩子。但他们的习惯依旧会延续下来。

如果习惯长时间没有得到矫正,家长就开始焦虑了,他们不知道孩子怎么了,怎么会变成这个样子。

如果孩子总是挤眉弄眼,或是咧嘴做怪相,从医学上看,这可能是一种不自觉的肌肉的抽动,叫作抽动症。

抽动症是以肌肉群组不自主的快速、重复、非节律抽动为主要临床表现的神经精神障碍疾病,可能会出现眨眼、咧嘴、皱鼻、耸肩,甚至发出鸟叫声等症状。这些症状通常会在孩子处于惊吓、兴奋、疲劳时高发。

抽动症往往高发于4～7岁的孩子中,最早的记录来自2岁的儿童。孩子为什么会患上抽动症呢?它其实是遗传因素、社会因素、心理因素和生物因素共同作用的结果。常见的原因如下。

1. 孩子出生时的不利因素

如果遭遇羊水过少或脐带绕颈导致胎儿窘迫以及初产高龄、先兆子痫、胎盘早剥和前置胎盘等情况，孩子抽动症的症状就会变得严重。如果妈妈怀孕期间抽烟，也会增加孩子抽动症的严重程度。如果是剖腹产出生的孩子，也更容易患上抽动症。围产期和出生时的不利因素，会导致婴儿脑损害及神经发育系统受损。

2. 影响孩子身体发育的食物

有研究发现，长期饮用含咖啡因的饮料（如可乐、咖啡、红茶）的孩子患抽动症的概率更大。因为儿童的神经系统尚未发育完全，所以应减少儿童对上述物质的摄入。

3. 压力过大

除了先天因素，压力过大也是抽动症的主要诱因。孩子不仅有学习压力，还要承受各种其他压力，体质较敏感的孩子就容易诱发抽动症。

4. 频繁玩电子游戏

调查研究表明:患抽动症的小孩中的男女比例是4∶1。

这与男孩长时间迷恋电子游戏有关。长时间玩电子游戏会耗费大脑神经递质,造成大脑神经递质不平衡、多巴功能亢进。因而,大脑皮层的控制力下降,皮层下的功能开始活跃,孩子就会出现多动、抽动的行为。

5. 慢性感染

慢性感染也是抽动症的诱因。生活中有很多常见的例子:有的孩子患结膜炎导致其养成刻板眨眼睛的习惯;有的孩子常常罹患呼吸道感染,为此总是不断咳嗽、多动。

那么,如果孩子患上了抽动症,家长该如何做呢?

1. 合理安排孩子的学习时间,多带孩子参加体育锻炼

父母要学会减轻孩子的学习压力——不占用孩子的业余时间,不给孩子报太多的补习班。

建议广大家长在周末能够带孩子去爬山、打球、游泳,让孩子的生活方式变得丰富多样。

2. 一日三餐保持营养，减少高热量、高脂肪的摄入

据研究，有些食物会促使抽动症的高发，譬如含食物添加剂、色素、咖啡因的食品等。

孩子还应尽量避开煎炸、辛辣的食物。每天的饮食要丰富多样，营养要均衡，荤素搭配，保持饮食上的营养与健康。

3. 配合医生进行治疗

对孩子进行药物和心理行为治疗。

家长要了解这种疾病发生的原因，而不是经常指责孩子。如果怀疑孩子有此类疾病，就去门诊或心理治疗机构进行正规治疗。

抽动症是可以被治愈的，只要家长能积极配合且关爱孩子。关爱孩子应该是深入孩子的内心，让孩子感受到自己是被在乎的，而不是让孩子感觉到自己是满足父母期望的工具。

孩子能否快乐地成长，取决于父母如何教育孩子。作为父母，一定要满足孩子的合理需求，激励他们前进。

让孩子成为好孩子，我们成为好父母。

你要相信孩子，孩子才会相信自己；只有你以身作则，孩子才会以你为榜样，去成就更好的自己。

怕脏的男孩

一位来访者神色不安地对我说:"老师,我想洗手。"

此后,他又再三说自己需要去洗手。看上去,这是一位怕脏的男孩,是一位有洁癖的男孩。

洁癖也是强迫症的一种类型,属于强迫行为。而强迫症是一种以强迫观念和强迫行为为主要表现的精神状态。

强迫观念带有明显的仪式动作。而这些仪式动作,是为了缓解焦虑或不安,可是只能短暂地缓解。

为什么会出现反复洗手、反复检查等强迫行为呢?

强迫行为的产生,本质上是个人在拯救自己的焦虑情绪时伴生的副产品。而强迫症的成因,其实很复杂,但多数和"控制感"有关。

心理学家弗洛伊德认为：发展出强迫障碍的个体在婴幼儿时期具有高度的躯体敏感度。

一个个体在婴幼儿时期遇到父母不恰当的养育方式就很有可能会在日后罹患强迫症。

从客体关系的角度来看，强迫症患者最关键的问题在于原生家庭对"控制"的处理。

譬如，在一个家庭中，母亲的秩序感太强，对孩子的日常行为有着严苛的要求，这个孩子往往会罹患强迫症或出现强迫型人格特质。

要如何消除强迫症行为呢？

最根本的办法还是要发自内心地喜欢自己，接纳自己，学会与内在的自己和谐相处，用更健康的方式来面对焦虑。

当然，如果你的行为已经影响到了你的健康，你必须寻求心理医生的帮助。通过药物治疗与认知行为疗法来帮助自己告别强迫症行为。

致父母：孩子的性格，是你们造成的

心理学家科胡特说："父母是什么人，比父母怎么做更重要。"

科胡特想表达的是——要教育好孩子，最好的方式是父母言传身教，以自己的人格魅力去影响孩子。

很多父母都希望自己的孩子能够在激烈的社会竞争中拥有自己的一席之地，为此他们往往对自己的孩子严格要求，乃至到了严苛的程度。

一位来访者告诉我，她的孩子今年7岁，每周要参加7个兴趣班。

对此，我问她："孩子每天的状态是什么样的？"

她说孩子日前开始有厌学的情绪，对自己的态度也发生了扭转。

显而易见的是，这位母亲有对孩子过度控制的行为，只因她将自己的期许都强加到了孩子身上。而一个7岁的孩子显然还无法承受如此大的压力。她的焦虑传染给了孩子，孩子注定也会变成一个高度紧张的人。

孩子的性格往往受先天条件以及后天环境的综合影响。无论是先天条件还是后天环境，家庭教育都在其中起到了至关重要的作用。

父母对待孩子的方式，影响着孩子的性格发展。

父母的行为也会制造出引发孩子特定行为的情境。譬如，有的家长习惯用挫折教育去影响孩子。在这种不恰当的教育之下，孩子会在人际交往中表现出攻击性。

父母的行为也是孩子认同和模仿的对象。一些不良的行为，譬如长时间玩手机，也会引起孩子的模仿。

父母的榜样作用也会时不时地发挥着作用。譬如，父母说不说脏话直接影响孩子的日常语言表达。

心理学家阿德勒认为：家庭是塑造孩子性格最重要的场所。

家庭团体就像星座，彼此之间形成了复杂的互动关系，也构成了一个独特的家庭气氛。

在多子女家庭中，孩子的出生次序也会影响其性格的发展。

比如说长子，家庭环境会诱使他容易成为领导者，也容易发展出崇尚权威与保守的心态。第二个出生的孩子往往富有竞争力和创造力，对生存资源的掠夺，也容易使其形成攻击力。这类孩子一般最不受父母关心，容易发展为"问题青年"。而最后出生的孩子也许会因为得到了最多的宠爱，从而发展出自傲的心态。

除了出生顺序的影响，男女的性别差异也会影响其性格。

譬如，在"重男轻女"观念浓重的家庭中长大的女孩往往极其敏感，注重公平和个人权益。

请记住，让孩子健康成长，比让他成为一个成功而不幸福的人，对家庭乃至社会的贡献要大得多。

教育孩子，选择威严还是民主

许多父母对于教育方式的选择，也有着很多纠结的地方。

对孩子太威严，孩子容易形成胆怯、自卑的心理。对孩子太民主，孩子容易形成以自我为中心的心态。那么，家长该怎么教育孩子呢？

其实，无论是威严还是民主，都只是一种选择，而选择是可以同时进行的。对于父母来说，涉及法律、道德等严肃问题时，要有底线思维。父母要让孩子明白——有些事情是有底线的，底线不能逾越。而对于那些日常生活中的细节，家长不必专断独行，要充分发挥民主的精神，让孩子自己去选择。

很多父母觉得让孩子自主学习是一件很困难的事情。他们喜欢给孩子施加压力。他们通过减少孩子的玩乐时间，去逼迫孩子学习。但他们都忘了，爱玩是孩子的天性。如果你能满足孩子的娱乐需求后，再提出合理的要求，孩子往往会与你达成共识。

作为父母，你的语气要和蔼可亲，而不是动辄打骂、训斥孩子。

总之，教育孩子，家长要做到宽严相济。

在孩子没有养成良好的行为习惯和生活习惯前，父母可以略微强势；当孩子养成了良好的行为习惯和生活习惯后，作为父母，要更多地与孩子进行平等交流。总之，亲子之间需要更多的探讨、交流以及互相尊重，家庭氛围才会变得更好。

学会放手——爱孩子的最好方式

读大学的时候,我有一个室友,名叫清清。

她与妈妈的关系就如情侣一样形影不离,每天都会通电话,甚至发展到了衣食住行都得依靠千里之外的妈妈的地步。

很明显,清清被妈妈过度溺爱了。

也许,母亲爱孩子是天生的。可溺爱的本质是控制,是太多管控和束缚,这会导致孩子丧失独立生活的能力。

妈妈舍不得放手,孩子也舍不得离开,慢慢地就会形成一种共生的关系,即"你中有我,我中有你"式的关系,甚至还建立了一种"共生幻想"的心理契约。

在这种关系内部,会形成牢不可破的利益共同体,乃至会发展出排他性。

而这种排他性会被带入别的亲密关系中去，譬如婚姻关系。我们日常生活中最常见的现象就是"恶毒婆婆"与"妈宝男"。

有些孩子长大后，自我意识会变得很强烈。他们不想让家人继续控制着自己的生活，他们想要追求自我成长，这时就会做出与父母对抗的选择。

很多时候，懂事的孩子在父母面前的表现都是违背本心的。为了让自己卸下"不肖孩子"的包袱，孩子渐渐就失去了自己。

有句谚语叫："爱之深，责之切。"很多父母陶醉于这种"给孩子更多的爱"的幸福中。可这样的陶醉又让父母走向另一个极端，他们变成了"替代父母"。作为父母，一定要懂得适时放手。

在动画短片《鹬》中，讲述了这样一则故事：

鹬妈妈让鹬宝宝自己外出觅食。从来没见过大风大浪的鹬宝宝被吓坏了，找不到食物只能挨饿。

可鹬妈妈并没有因为鹬宝宝挨饿，就心疼它。

它狠下心来，将鹬宝宝又一次赶出窝。

最终，鹬宝宝学会了觅食，并且永远地离开了家。

作为母亲，鹬妈妈懂得放手。也正因为如此，鹬宝宝才学会了独立。

在婴儿时期，孩子不能没有母亲。母亲要给孩子足够的爱，让孩子形成稳定的依恋模式。这样的爱，是健康的。

当孩子慢慢长大，母亲要学会与孩子分离。那些孩子能独立完成的事情，母亲不要代替他去完成。当孩子遇到困难时，母亲要给予帮助。但无论如何，母亲都不要把孩子的事情当作自己的事情，因为这样会剥夺孩子独立的自由。

一个孩子长大了，而他长大的前提是——你要学会适时放手。

做孩子的榜样,给孩子内在的力量

在纪录片《孪生陌生人》里,一位英国妈妈生了三胞胎。

因为家境困难,这位母亲选择把孩子送到领养机构,而三个孩子分别被富裕家庭、中产家庭和蓝领家庭收养。

被富裕家庭收养的鲍比,养父是医生,养母是律师。

被中产家庭收养的艾迪,养父是教师。

而被蓝领家庭收养的大卫,养父母收入不高。

每隔一段时间,三个孩子就会接受"成长回访",机构会针对他们个人的智商、个性进行一系列测试。

十几年过去了,三个孩子长大了。他们虽然是兄弟,却有了截然不同的发展。

鲍比性格冷静,十分成熟,有主见。

大卫乐观、热情,对生活充满希望。

艾迪则十分自卑，特别情绪化，以至于选择结束了自己的生命。

家庭治疗师萨提亚说："一个人和他的原生家庭有着千丝万缕的联系，而这种联系有可能影响他一生。"也许这个英国三胞胎的事情恰恰印证了这一事实。

父母是孩子力量的源泉，也是孩子重要的榜样。如果父母处处都做孩子的表率，让孩子在好的家庭教育下长大。那么父母身上的优秀品质也会被孩子内化为自己身上的品质。

如果父母总对孩子产生负面影响，孩子得到的爱不够多，那么他长大后也不会爱别人。

为什么原生家庭的感情也能遗传？因为父母是孩子依恋和认同的对象。

孩子在成长的过程中，会认同父母的形象，将父母的品质内化为自己人格的一部分。

如果在家庭教育中，爸爸妈妈中有一方缺席，孩子内心就会幻想出一个爸爸或妈妈的样子。等到孩子长大后，他把这个样子投射到身边的人身上，是希望从别人那里得到曾经缺失的爱。

既然父母的形象对孩子有这么深远的影响，那么父母应该怎样做孩子的榜样呢？

最重要的是,每一对父母都要知道——自己留给孩子最大的财富,不是足够的金钱、人脉,而是坚毅的品质、良好的人格。

请各位父母记住,你自律拼搏,孩子自会勤奋;你积极上进,孩子也会奋力向上。

第 6 章　共情沟通篇

THE TAPPING SOLUTION

发现孩子抑郁了,我们应该怎么做

来访者是一位妈妈,她的孩子今年13岁。

刚刚进入青春期的孩子就出现了上课无精打采、食欲下降、厌学、逃学、情绪低落等症状,甚至有了自残和自杀的念头。

作为家长,你一定要注意了。这说明孩子已经出现了抑郁情绪。如果不重视,久而久之,孩子就会患上抑郁症。

那么青春期的孩子为什么会抑郁呢?

青春期主要指孩子13~20岁这一阶段。

而这个阶段的孩子,一般面临着学习压力、社交压力,还有自我认同方面的矛盾。

如果孩子不能克服以上的种种矛盾,就很可能会变得抑郁。

青春期的孩子,会慢慢开始思考一些涉及人生观、世界观、价值观的问题。

他们会经常独自思考，会开始观察周围的人，继而会发现自己和别人在很多方面的不一样。

他们开始渴望被人理解、被人看见。他们希望遇到知己。但现实往往不能如他们所愿。

他们向别人吐露心声，得到的或许是不理睬，或许是歧视。青春期的孩子会经常陷入矛盾中。

他们的自我意识比较强，不想被人管束。一方面，他们觉得自己已经独立了，父母还那么唠叨。另一方面，他们想要与父母分离，却又不得不在经济和生活上依赖父母。

在认识社会方面，他们的想法会比较理想化，然而现实往往不尽如人意。

以上种种矛盾，在青春期孩子身上都是很常见的现象。

如果青春期的孩子不能很好地去看待周围的人，看待这个世界，那么，他们的行为就会表现出极端化的倾向。譬如，一点点小事就能让他们泪流满面。

青春期的孩子，身心都处于快速发育阶段。他们会对自己的身体很敏感，尤其是女孩子。她们会很在意自己的长相，觉得自己的眉毛不够有型，眼睛不够漂亮或鼻子不够高挺。

你会发现，有些十几岁的女孩子为了保持理想的身材，刻意地节食。这是饮食障碍的一种倾向，都与抑郁的产生有千丝万缕的联系。

为什么许多青春期的孩子会遇到以上问题，而只有一部分孩子会得抑郁症呢？

首先，家长应该了解家族里的人是否有抑郁症患者。如果有遗传的原因，就及时采用药物治疗，这是最有效的方式。

药物会增加孩子体内的快乐激素，且不会影响孩子的身体发育。

其次，许多孩子的抑郁情绪是因为学习压力导致的。

家长应该关心孩子的学习状态。这里的关心不是说要督促孩子写作业，而是去关切孩子。让孩子正确看待学习，让他们知道父母是理解与支持他们的。

再次，孩子抑郁的另一种可能是思维方式导致的认知抑郁症。这是由于孩子看待事物的方式不正确导致的。他们总是习惯于看待事物消极的一面，而否定积极的一面。

对待这类孩子，家长要帮助孩子全面地看待事物，既要让孩子看到事物不好的一面，也要看到好的一面。请记住，在这个过程中，不要抱怨孩子。作为孩子最亲近的人，如果我们都不能去接纳孩子的问题，那么孩子的内心一定会很失望、无助。

如果孩子有抑郁倾向，我建议家长最好带孩子去正规医院精神科检查。

如果是确诊的抑郁症,就一定要按医生的医嘱治疗。除了药物治疗,心理咨询也是治疗抑郁症的不错方式。

孩子陷入抑郁情绪或得了抑郁症,这在当代社会很常见。

父母一定要关注孩子的身心变化,帮助孩子克服成长过程中的困难,让孩子感受到温暖与爱,从而得以战胜抑郁。

孩子情绪不稳定,如何帮助他学会自控

来访者是一位5岁孩子的妈妈。

谈起自己的孩子,她说孩子特别喜欢恐龙。

有一次,家里来了客人,她要将孩子的恐龙收起来。没想到,这反而激起了孩子的强烈反应。他开始变得歇斯底里,大声诅咒起了母亲。

很多妈妈都遇到过孩子的情绪不稳定的情况,但我想说这实在是一件很常见的事情。

作为父母,我们要帮助孩子学会管理自己的情绪。

要管理情绪,先要弄清楚孩子为什么难以控制情绪。一个5岁的孩子,对事情的判断往往是不够成熟的。

心理学家柯尔伯格依据儿童的身心发展规律,将儿童的道德发

展划分为三种水平,分别是前习俗水平、习俗水平、后习俗水平。

9岁以下的孩子处于前习俗水平。

这个年龄段的孩子开始具有关于是非善恶的道德要求。他们虽然已经有了初步辨别是非的能力,但判断对错的标准,并不是常规的道德准则,而是自己的喜好。

在他们眼中,一个行为如果满足了他们的需要就是好的。当然,这个行为如果造成了他们的损失,他们会觉得那是坏的。于是,他们会本能地释放出糟糕情绪,大喊大叫甚至打人,以此来缓解自己的痛苦。

在这个阶段的孩子也几乎没什么规则意识,前文所述的孩子大略处于这个阶段。

大约9~16岁的孩子处于习俗水平。

在这个阶段的孩子会遵从道德准则和社会习俗,关注社会需要和价值观中个人的地位和作用。

他们学会了尊重他人,开始考虑一件事情对他人造成的影响。他们虽然也处于叛逆期,但多数时候,他们会做一个好孩子,去赢得他人的认可。不过对于没能很好地度过叛逆期的孩子,一定要多加关心。

16岁以上的孩子就处于后习俗水平。

这类孩子在面临道德情境时,可以本着自己的良心以及个人的价值观从事道德判断，传统习俗或社会规则已经很难制约他们了。

如果这时他们做错了，我们就不能只从孩子的行为层面去指责，还应该考虑他们做一件事情的动机。

因为他已经有了德行，却还要犯错，一定有他内在犯错的动机。

这里，我们重点关注的是青春期的孩子。在这一时期，他们情绪敏感，容易冲动。

青春期的孩子情绪和思维发展往往不平衡。如果孩子犯了错，没有考虑到后果的严重性，请你一定要理解他。打骂式的教育是达不到好的教育效果的。

孩子变得情绪化的原因有很多。但父母不能做孩子情绪化的帮凶，而要帮助孩子。

你可以帮助孩子接纳自己的情绪，但要控制自己的行为，让孩子考虑其行为的后果。每个孩子都会遇到许多令自己不愉快的人或事，要让孩子管理好自己的行动。不是每一处的愤怒，都需要发泄。

孩子患上焦虑症怎么办

欢欢最近很头痛,妈妈赶紧把她送去了医院,却发现她患上了焦虑症。

一个人患上焦虑症之前,是有一些身体的不良反应的。但因为没有重视,欢欢的症状加重了。

要如何判断一个人是否得了焦虑症呢?

根据医疗记录,我们可以发现——医生主要从患者的情绪症状和躯体症状来判断。

在情绪症状方面,患者会长期处于紧张不安的忧虑情绪中。而在躯体症状方面,患者可能会有心慌、气短、口干、出汗等症状出现,有时还伴有濒死感。

焦虑症与焦虑是不一样的。

焦虑是一种情绪,适度的焦虑对事情的发展还有好处。但如果焦虑过度往往会罹患焦虑症。那么,孩子为什么会患上焦虑症?

焦虑症的发病原因很多,有家族遗传,也有性格与外在环境等因素。

在家族遗传方面,孩子的父母一方或双方性格敏感,遇事紧张,那么孩子相比同龄人,罹患焦虑症的可能性就会大大增加。

如果孩子有类似症状出现,父母就应该鼓励孩子多参与身体锻炼,适当分散注意力,去平衡学习带给他的压力。

在性格因素方面,如果孩子以自我为中心,太关注自己,或追求完美,就往往会比一般人更焦虑。焦虑的人往往伴有患得患失的情绪。

在外在环境方面,请尽量不要让孩子与他人攀比。

在攀比中,孩子会丧失自我的价值,容易被他人的优秀所感染。同时,孩子又缺乏相关的特质,他们就会觉得自己的存在是错误的。

如果孩子的焦虑症已经影响了正常的学习和生活,请及时寻求治疗。

针对性的药物治疗是孩子治疗过程中重要的部分。除此之外,家长要经常与孩子谈话,认真倾听孩子的想法,不要急于打断他。

家长还应该带孩子寻求心理咨询,心理咨询师会采取一些有效的治疗方式，如呼吸放松法、满灌疗法、认知疗法等，来帮助孩子缓解压力。

在平时的生活中，父母要经常带孩子参与体育运动，运动有助于调节孩子的情绪。

除此之外，父母还要让孩子保持充足的睡眠，每天给他提供丰富的、有营养的餐食。

为孩子创造一个宽松的生活环境，孩子就一定能克服焦虑症。

发现孩子孤僻怎么办

许多家长都有这样的困惑,觉得自家的孩子不爱说话,不喜欢与人交流。

初二的珊珊就是这样的一个孩子。其实她内心十分渴望人际关系,希望有人主动关心她。但她从小就很孤僻,喜欢独来独往,不愿与人接触。

珊珊说:"我很羡慕那些放得开的人。他们敢说敢做,敢于表达自己的观点,总是那么自信。可我不行。"

形成这样孤僻的性格,从珊珊的家庭中可以找到原因。

珊珊爸爸脾气暴躁,很爱唠叨,动辄指责珊珊。长此以往,珊珊就害怕与别人交流沟通。

社会交往能力对孩子一生的发展至关重要。

比如，一个擅长社交的人，总能够给人留下好印象，那么当他遇到困难时，别人也会很乐意地帮助他。

心理学研究发现，儿童个性的发展和社会化过程的实现是人与人之间相互作用的结果。

孩子性格孤僻，与父母的教育有着很大的关系，尤其像珊珊父亲这样偏好指责孩子的人，往往会对孩子的成长造成恶劣的影响。

那么作为父母，要如何帮助孩子改变孤僻的性格呢？

如果你是偏向溺爱孩子的父母，就要让孩子不单是享受爱，也要学会贡献爱。如果你是偏向管制孩子的父母，就要学会关爱孩子，增进与孩子的感情联系。

对于离异家庭，孩子一般跟妈妈在一起生活。那要如何增进父子（女）情感呢？

父亲可以适时带孩子出去旅游、运动。运动可以培养孩子勇敢和乐观的精神，也可以增强孩子体质。在运动的过程中，父子（女）关系就能得到极大的改善。

总之，父母要帮助孩子学会与人交际。因为通过交际，彼此可以交换友情，也可以收获他人的喜爱。

父母还应该帮助孩子创造一个交流的环境，不能让孩子整天待在家里。

除此之外,父母还要鼓励孩子与陌生人打交道,把主动权交给孩子。久而久之,孩子的适应能力就会变强。拥有社交能力,越来越成为衡量一个人综合能力高低的重要条件。因而,每一个人都应该有掌握社交能力的勇气。

面对孩子的早恋问题,我们应该怎么做

圆圆今年读初中一年级。最近,她放学之后开始晚归了。
经过一番调查,家长发现孩子早恋了。

许多家长,往往将孩子早恋视为洪水猛兽,好似孩子做了什么不可饶恕的事情。但其实,随着社会的不断发展,越来越多的青少年都变得更加早熟和敏感。在这种情况下,早恋也就渐渐成为一种见怪不怪的社会现象了。

但在初中阶段,恋爱必将影响学习成绩。除此之外,早恋还会导致孩子与别人之间人际关系的失衡。

既然孩子早恋了,责难他就没有什么意义和价值。作为家长,我们要用恰当的手段和方式去处理这件事。

正确的做法是——不要去责怪孩子,也不要去拆散他们。你要

告诉孩子，恋爱并不仅仅意味着是维系一份感情，更意味着一份责任。当孩子试探你的态度时，你不要表现出一副深恶痛绝的样子，也不要表现出一副乐见其成的样子。

你可以选择向孩子讲述你的感情史，正面引导孩子去追求更为迫切的目标和理想。

当孩子接受了你的正面引导，他就会听从你的建议——认真学习。同时，作为家长也有必要给孩子传授正确的性知识，好让他们能够拥有正确的性观念。

有句话说："最好的教育，是父母的言传身教。"

一个孩子的健康发展，需要父母的以身作则。

在父母良好的教育下，哪怕孩子早恋，他也会懂得如何处理好自己的情感关系。孩子经历的事情越多，就会变得越成熟。

孩子玩游戏上瘾，如何助其克服游戏的诱惑

经常听到一些孩子沉迷网络游戏最后猝死的新闻，作为父母，我们真的害怕孩子沉迷于网络游戏。

有一位母亲说，她的孩子沉迷游戏，无法自拔，为此她伤透了心。

这位母亲的孩子沉迷游戏是因为早年父母的管控太严，从而使其发生了"报复式的沉迷"。

另一部分孩子沉迷游戏的原因是缺乏自我价值感，找不到被人肯定的感觉。

在学校中，这些孩子往往找不到志同道合的朋友。而游戏恰好满足了他们的归属感。

游戏满足了孩子英雄主义的情结，满足了孩子追求自我的过

程，满足了孩子想要比别人光彩的需求。

如果孩子沉迷游戏的话，父母要知道——根本原因在于孩子没能在现实生活中得到情感的满足，他们才会靠游戏来维系自己脆弱的自尊，去游戏里寻找满足感。

为此，每一位父母都要用心去陪伴孩子。不要采用打骂式的教育，要学会与孩子共情，能够让孩子体会到父母的不容易。

对于那些欠缺肯定的孩子，父母要学会给予赞美，学会欣赏孩子的优点，不要总盯着他们的缺点不放。

对于那些缺乏理想的孩子，父母要帮助孩子找到属于自己的特长和爱好。

你要相信，只要孩子的情感得到了满足，他们也会愿意面对现实生活，慢慢从虚拟世界中走出来。也许这个过程不会很顺利，但你只要坚持，孩子一定会感受到你真心的付出且做出改变。

孩子叛逆赌气,该如何教育

很多人都有逆反心理,这在儿童和青少年身上尤为常见。

一般来说,孩子产生逆反心理的原因有以下两点:一是有好奇心;二是有对立情绪。

相比成年人孩子往往更加注重感性思考,而不是理性判断。因此,双方经常会因为对同一件事的不同看法而产生分歧和矛盾。

我认识的一对夫妻就因为孩子处在叛逆期和孩子产生了不少矛盾。

孩子妈妈是一位大学老师,孩子爸爸则是一名警察,夫妻俩对孩子的期望很高,生怕孩子日后成为一名普通人。因此,他们为孩子报了许多辅导班,日思夜想地想要提高孩子的成绩。

但他们的孩子性格温和,对学习缺乏兴趣,成绩长期停留在中下流水平。对于父母在他身上的投资，他更是嗤之以鼻。

经过我的心理咨询，我发现这个孩子正处在叛逆期，他对父母的严苛要求已然满心抗拒。即使父母的出发点是为了他好，他也是不以为然。

在我将上述观察告诉了他父母以后，通过观察和了解，我发现这个家庭存在着严重的沟通问题。

这对父母缺乏养育孩子的经验，常常在孩子面前怒斥其平凡无能，甚至历数自己的奋斗经历和优秀履历。

可对孩子来说，这严重伤害了他的自尊心。他对父母的态度也由此变得十分恶劣，以至于他们长期的沟通就是无效沟通。

孩子本来对自己的成绩还有一些担心，经此打击，他变得不在乎了。

也许，对于处在叛逆期的孩子来说，他们只需要自己的情感被尊重，自己的想法被聆听，自己的意愿被理解。

当孩子感到自己得到了尊重，那么父母与孩子的沟通渠道又将再次畅通。

面对孩子的厌学问题,我们应该如何处理

在林真理子的小说《平民之宴》中,我们看到了这样一个破碎的家庭。

全职主妇由美子对儿子期望很高,她将孩子送到了一所名牌私立大学。可儿子翔不仅辍学了,还离家出走了。

由美子做了她能做的一切。她带孩子看画展,去夏威夷旅游,也时常关注那些最新的教育方法。然而,命运跟她开起了玩笑,她辛辛苦苦培养长大的孩子却以打零工为生。

为什么翔会厌学呢?

当时隔多年,母子俩再一次相见的时候,作者给了我们一个答案。

母亲由美子痛心疾首地说:"一事无成?开什么玩笑。你外公

是医生，你爸爸毕业于早稻田大学，可你只想做个普通人……"

翔只是淡定地说："是啊，我只想做个普通人。"

由美子的故事可能在全世界各地时时刻刻上演着。在每一个厌学的孩子背后都有一个破碎的家庭、一段紧张的亲子关系。

造成孩子讨厌的原因可能还有以下几种。

1. 孩子在人际关系中受到了挫折

许多孩子因为性格以及家庭背景在学校中不受欢迎，甚至受到其他同学乃至老师的霸凌，从而使得他们就会丧失学习的热情。

学校对他们来说，不再是开心的乐园，而是伤心之地。因而，这部分孩子很容易产生厌学情绪，甚至自杀倾向。

2. 孩子的学习成绩不佳

虽然说学习成绩对学生来说并不是唯一，但若是长期学习成绩不佳，很容易造成自尊受损的现象，也很容易遭受到同学的嘲笑以及老师的不满，这部分孩子的学习压力也会变得很大。

此时，假若孩子还有一对极其在意其成绩的家长，那么他们幼小的内心就会留下难以磨灭的创伤。学习对他们来说，不再是一件快乐的事情。厌学就会变成他们理所当然的选择。

3. 家庭矛盾频发,亲子关系紧张

另有一部分家庭,他们的内部也出现了问题。即使孩子懂事听话,但若是家庭成员总是吵架、矛盾频发,身处其中的孩子很容易受到家庭环境的影响。他们会变得暴怒,甚至有离家出走的念头,而厌学就变成了必选项。

4. 没有目标,找不到学习的意义

孩子厌学的原因多种多样,有一种情况是孩子没有目标,找不到学习的意义,他们便会产生厌学情绪,尤其是那些家庭条件富裕的孩子往往因为没有学习的动力而厌学。

那么面对孩子出现厌学问题,作为家长应该怎么做呢?

(1)如果是孩子找不到学习的动力,家长可以让孩子独立地做一些事情。让他明白,享受权利的同时也必须承担义务,享受自由的同时也意味着拥有选择的责任。

只要面临责任,许多孩子就会明白这世间有太多必须要做的事情,这时他们才会安心去学习,以便用自己的能力去解决生活中的难题。

(2)作为父母,有经营好夫妻之间的亲密关系的责任。一个

和睦的家庭才能诞生善良的小孩。

（3）如果孩子在学校人际关系不佳，家长在做好陪伴和安慰工作之外，还应该寻求老师和同学的帮助。

总之，孩子厌学的原因有多种，要对症下药。作为家长，千万不能存在侥幸心理，要时刻关注孩子的内心。

我对妈妈总是爱不起来

来访者佳佳这样评论自己对母亲的态度:"我对妈妈总是爱不起来。"

原来,佳佳的母亲一直对她不好,动辄打骂。在这种长期的相处过程中,她远比同龄人都痛苦很多。

如果说心理上的打压使佳佳痛苦不堪,那么母亲长期的经济打压更使得她的生活雪上加霜。

佳佳常常痛恨自己为什么要来到这个世上。她觉得——都是因为自己,母亲才变得如此恶毒。虽然很多时刻,她也能感受到母亲的爱,但这点爱太过单薄,甚至禁不住一点风吹日晒。

心理学家罗杰斯说:"爱,是深深的理解和接纳。"
世上没有不爱孩子的母亲,只不过她们的爱用错了方式。

就如案例中的佳佳一般，母亲把她拉扯大确实付出了很多。可母亲也给她的童年带来了许多痛苦，这是她所不愿面对的。

大学毕业后，佳佳选择远渡重洋再也不回家，可能也与此高度相关。

没有人会希望自己的人生是被控制的。对于佳佳来说，原生家庭的创伤一直伴随着她，她很难走进一段崭新的亲密关系，甚至时隔多年也无法说服自己去迎接属于自己的婚姻。

"我对妈妈总是爱不起来。"这句话是被母亲控制下的佳佳的真实感想。对于佳佳这样的人来说，即使知道母亲是为她好，也难以发自内心地去感激她。

我们能够看到，生活中有许多妈妈为孩子付出了一切，却无法走入他们的内心。

很多时候，对于父母来说，只有深入孩子内心才能得到他们最真切的回应。要真正地去倾听孩子的心声，不要去控制他们。或许只有这样，他们才会展示出真我的一面。

弟弟为什么要出生，我最讨厌的人是弟弟

小霞13岁时，妈妈突然生了二胎。

妈妈问小霞："你喜欢弟弟吗？"

小霞回答说："我讨厌死了。"

小霞的回答让妈妈出乎意料，她没想到孩子竟然对刚刚出生的弟弟有如此大的怨念，她更想不到小霞为此已经困扰许久。

小霞对待妈妈生二胎的看法，其实也并不罕见。我们经常在热门新闻中看到此类的孩子。他们对父母生二胎异常愤怒，甚至有些人竟选择与父母断绝关系。

有这样一部西藏题材的电影《河》，或许能够给我们一些参考，让我们明白生命的真谛。

影片中的央金5岁了，非常活泼可爱。

她已经过了哺乳期，却一直没有断奶，直到妈妈怀了二胎，才让她彻底断了奶。

央金隐隐约约地感到父母对她的宠爱在消失，为此她内心很不安。

央金的爸爸性格孤僻、不善表达，他无法察觉到女儿内心的焦虑。

这两天，他们要搬家了。

可就在一天晚上，狼冲进了羊圈，把他们家的一只母羊咬死了。看着奄奄一息的母羊，央金被震撼了。

小羊一直在叫。

央金觉得自己变成了那只小羊，永远地失去了母亲的爱。

在遇到恐惧的事时，孩子其实有很强烈的焦虑感。但许多父母往往过分在意孩子的身体健康，而对他们的心理不甚在意。

对于母亲生二胎的家庭，父母要尽可能早地让孩子知晓这件事。而不是当二胎呱呱坠地了，才选择告诉老大这个事实。

对未知的恐惧，是每个人都有的。而孩子往往因为缺乏生活经验，会错误地估计风险的严重程度。在此时，面对这些恐惧和焦虑的孩子，就不要开那种"有了弟弟妹妹，妈妈就不爱你了"的玩笑了。

还有一个现实的问题是——许多家庭，往往是因为第一胎是女儿，而选择生二胎的。在这背后，自然有重男轻女的传统观念在作祟。

对于许多姐姐来说，生了弟弟不仅意味着要分走本属于自己的爱，还可能因此使自己变成"被歧视的对象"。

一些父母的不公平对待，必然使得两个孩子的情感出现裂痕。姐姐的心理阴影不断累积，造成了她们内心的不安。我们常常在社交媒体上看到这些"不满姐姐"的发言，她们看似极端的个人诉求必然也包含着彼时的痛苦。

心理学研究认为，人在早期所经受的一些刺激会形成不同的心理阴影，对人的一生产生不可预想的影响。

所以，对那些想生二胎的家庭来说，想要构建起一个完美幸福的家庭，离不开公平和尊重。

要尊重每个家庭成员的心声，捍卫各自权利的边界，对子女做到一视同仁，而不是偏爱。只有消除了歧视，家庭才能迎来黎明的曙光。

爸爸妈妈离婚后,我的艰难处境

娇娇今年11岁了,爸爸妈妈突然离婚了。

根据法院判决,娇娇从此就被爸爸丢给了奶奶抚养。爸爸也禁止妈妈来探视,娇娇想妈妈的时候只能偷偷抹眼泪。

不仅如此,奶奶和爸爸还经常逼迫娇娇站队。在这场成年人的战争里,娇娇莫名其妙就上了场。

一想到要永远见不到妈妈,娇娇就总想一走了之。

据耶鲁大学儿童研究中心的心理学家调查研究——离婚是威胁儿童的最严重和最复杂的精神健康危机之一。

有独立调查显示,约37%的孩子在父母离婚5年后,心理创伤都迟迟不能消失;另有29%的孩子会勉强熬过艰难时期,但也会长期受到影响;只有34%的孩子能够适应新环境。

离婚会对孩子造成伤害是必然的,但离婚又总是无法避免的。随着社会的发展,离婚成为人们奔向新生的权利。与其在婚姻中受尽折磨,还不如趁早将损伤降到最低。

在这个过程中,父母如果处理得当,离婚对孩子造成的伤害,是完全可以修复的。

那么如何把离婚对孩子的伤害降到最低呢?

(1)父母要了解自家孩子的性格特征,了解孩子对自身家庭的看法以及了解孩子对自己的认知程度。

有研究表明,父母离婚对孩子的创伤程度很大程度上取决于孩子的个性和对父母感情的依赖程度。

通常来说,性格内向的孩子远比性格外向的孩子受创伤的程度要严重。因为缺乏其他感情的支撑,性格内向的孩子往往对父母感情的依赖更重。

如果孩子的性格没有那么乐观,父母就应该有方法地向孩子坦白自己离婚的原因。千万不要在孩子面前互相指责,说对方坏话。

(2)不要试图切断孩子跟任何一方的联系。虽然夫妻关系终结了,但孩子的父母依旧是照顾孩子的同伴。对孩子来说,父爱与母爱都至关重要和不可或缺。

(3)虽然离婚了,但彼此之间依旧要互相尊重,在孩子面前展现出良好的品行。

总之,对每一个家庭来说,婚姻的破碎是大家都不愿意看到的。但随着社会的进步和发展,如何处理离婚后对于孩子的抚养已成为一种越来越普遍的状况。

因此,对于每一对夫妻来说,如何处理离婚后孩子的心理抚养就显得至关重要。除此之外,我要对那些面临父母离婚的孩子说:"父母分开了,不代表他们不爱你了。我们要有战胜生活的信心,从做一个独立的小孩开始吧!"

第 7 章 内在疗愈篇

THE TAPPING SOLUTION

全面认识自己,走进自我的内心世界

小玉是个焦虑的人。男朋友经常安慰她:"你没必要这么焦虑,我们其实是一样的。"

小玉认为男朋友一点儿都不懂自己,就分手了。

后来,她又谈了好几个男友,却总是因为一些小事而分手。她意识到自己或许有些焦虑,而焦虑使得她无法拥有一段美好的亲密关系。

小玉的案例,在我们的日常生活中也不罕见。很多时候,我们都习惯于先从别人身上找原因,仿佛一切都是别人的错。但事物之间的联系告诉我们——任何矛盾的产生都得满足一定的条件。

即使别人身上有问题,但很多时候我们自己也有着不可推卸的责任。心理学上有一句话——很少有人能够真正认识自己。

认识自己的途径大体有两个——自我评价和他人评价。我们既要从自己的眼中去观察自己，也要学会利用他人对我们的评价来认识自我。

社会学家查尔斯曾提出"镜中我效应"，大意是说我们通过观察别人对自己行为的反应而形成自我认识，完成自我评价。

我们每个人都是别人的一面镜子。通过他人对自己的反应，我们可以反观自身的问题，从而形成自我观念。这个理论一定程度上反映出他人的评价对我们认识自我的重要性。

但该理论并不总是适用，因为有时候他人的评价并没有真正抵达我们的内心，这时我们并不会相信他人的评价是正确的。

譬如，一个在家孝顺的人在外面却可能很顽劣。我们每个人都只能看到一部分的真相。

那么，自我评价和他人评价哪一个才能看到真正的自己？

也许，两个都可以，也许，两个都不可以。它们并不能用来准确地判断一个人。

作家伍尔夫说："一个人一旦有了自我认识，他也就有了独立人格。而一旦有了独立人格，他也就不再浑浑噩噩、虚度年华了。换言之，他的一生都会有适度的充实感和幸福感。"

由此可见，认识自己确实对我们很重要。

在认识自己之前，你有没有思考过以下问题：

你是怎样的人？

在身边人的眼里，你又是怎样的人？

你是否私下里很安静，可在他人眼里你却是"交际花"？

你是否很善良，可他人对你却很厌恶？

也许，看到这里，你会很矛盾。明明你不是这样的人，可大家却都相信你是这样的人。所以认清自己，你需要建立一个全面的自我评价体系。

你既要学会自我评价，也要学会接纳他人的评价。也许只有将两种评价融合起来并心平气和地去看待，你才能建立起自我认知。

如果你对自我的评价很高，而他人对你的评价却很低，那么你就要重视起来——或许你是个表里不一的人。

做一个表里如一的人的确很难，因为要求言行和内心必须一致，你要随时随地展现出一个坦诚、真实的自我。但只要我们不断努力，我们依旧可以修正自己。

一个人的性格，或许是由儿时的环境造就的，但不管性格是好是坏，后天都可以改变。

我们不能总是局限于自我评价，也应该听听他人的声音。如果是对的，我们要虚心采纳意见。

总而言之，全面认识自己、自我觉察，可能会让自己变得更好。

内心充满了各种矛盾,它们来自哪里

小凤与男友恋爱一年后,她主动提出了分手。

可男友一点想要挽回的意思都没有,小凤觉得自己在感情里好卑微。

与男友相恋时,小凤觉得很痛苦,总看不到一点儿希望。因为她觉得自己遭遇了冷暴力。

发出的信息,他选择性地回复;拨打的电话,他总是习惯性拒接。他从来不给小凤的朋友圈动态点赞。

时间一长,小凤不想在这段感情中继续坚持了,她终于提出了分手。可对方依旧态度冷漠,小凤觉得很痛苦。

分手半年了,小凤仍旧很痛苦。她发觉自己的内心充满了冲突,有一个声音告诉她:赶紧去复合;而另一个声音则告诉她:千万不要。

时间久了，小凤也不知道自己到底想要什么。

　　如果我们对人性中的动机机制有足够了解的话，我们就能进行自我分析。在面对内在矛盾时，我们也就能很快地看到问题的本质。

　　一位心理学家说过，我们所做的事，背后的动机都可以归为避免痛苦和追求快乐这两种。

　　也许，人性告诉我们的是——我们总习惯于趋利避害、趋甜避苦。

　　当然，我们遇到的几乎所有的痛苦，在心理学上都可以归结为现实与期待之间的差异。

　　这些痛苦的体验反映到我们的大脑中，它就会本能地厌恶损失。如果我们只想要获得快乐的体验，不愿意付出，那么，痛苦也必然会如影随形。

　　案例中的小凤就如我们每一个人，既想享受恋爱的甜蜜，又不愿意承担失恋的痛苦。

　　那么，面对内心的各种复杂矛盾，我们该如何解决呢？

　　我们要做的是——不要选择逃避痛苦。

　　我们要认识到，人生本来就是需要经历痛苦的过程，逃避只会让自己纠结，倒不如主动选择痛苦。成长本身就是一个痛苦的过程，它需要你离开自己的舒适圈，去面对各种各样的挑战与困难。如果你真的想要突破自我，你就得有主动选择痛苦的勇气。

案例中的小凤需要意识到爱情本身就没有完美的一面。爱情有的只是彼此的磨合，发现对方的不足，然后互相改正。

我们要明白，不用努力的痛苦，是一种找不到人生意义的迷茫的痛苦。既然不管怎么选择都要经受痛苦，那还不如主动去选择。当你主动去选择承受痛苦时，你也就不再抗拒它了。

总是不能摆脱低自尊，怎么办

来访者小雨今年25岁，她每天出门都要化浓妆，仿佛对妆容的怠慢就是对生活的背叛。

时间久了，她化妆的时间越来越长。她开始每天都带着化妆包，无论是地铁上还是卫生间，都留下了她化妆的身影。

哪怕只是偶尔化了淡妆，她也总是惶恐。她觉得自己不好看，她觉得自己脸上有粉刺，她害怕自己一卸妆，那些追求她的男生就要落荒而逃了。

我问她："你为什么这么在意自己的脸？"

她说："所有人都在意自己的脸。即使有人不在意，那也是假装的。"

我说："难道内在不重要吗？"

她说："只有丑陋的人才在意内在。"

第7章 内在疗愈篇

有一天下大雨,小雨被雨水打湿了额头,她感到特别羞耻。

生活中有千千万万个小雨,他们都很在乎自己的脸。可显然,小雨生病了,她太看重自己的尊严,以至于变成了低自尊。

低自尊的源头,可能来自我们过去经历的那些负面体验,尤其是童年和青少年时期经历的情绪和体验。

也许是因为我们孩童时期的认知能力还处在成长阶段,对外界的反馈尚且不具备争辩的能力。

如果在这个期间,孩子不断地接收到来自父母的负面评价,就很容易受到影响。久而久之,孩子就会变成一个低自尊的人。这类人往往不认可自己,常常对自己的能力感到怀疑。

处在低自尊的人,他们的孩童时期通常有以下的消极的经历:

经常遭受父母的惩罚,受到他人的忽视。

身体被虐待过。

父母往往喜欢过度控制他们。

父母将他们当作负面情绪发泄的对象。

孩子往往不知道自己做错了什么,无缘无故就要受惩罚,这样他们就会形成自我怀疑。

不过,处在低自尊的人,他们的低自尊状态也不一定是父母造成的，有可能是学校的同学、老师造成的。

那么，我们该如何对抗低自尊呢？

心理学家戴维·伯恩斯在《伯恩斯新情绪疗法》一书中提出了用认知疗法可以改善人的低自尊状态的观点。他主张通过改变认知来改变情绪。

关于认知疗法，伯恩斯同样提出了三条原则。

第一条原则是——你所有的情绪都是由认知和思想创造的，如何看待和解释事物就会产生对应的情绪。

第二条原则是——当你感到有抑郁情绪时，你的思想会被消极的情绪所笼罩。你能感觉到整个世界都变得灰暗了。

第三条原则是——导致你抑郁的思想很大程度上是错误的。

那么，我们该如何用认知疗法来克服这种低自尊状态呢？

最关键的一点是，我们要关掉内心批判自己的声音。

很多人认为，如果觉得自己没有价值，是不是应该去做一些高价值的事情来证明自己？

但实际上有效的自我价值感并不基于外表、天赋、名誉、钱财等这些外在的东西，甚至包括爱情、友谊在内的美好事物也不能证明你的内在价值。

我们要屏蔽认为自己没有价值的声音，我们要学会跟内心的声音做斗争。

我们要随时随地问自己:"你自己的想法,对吗?"

低自尊是社会中很多人都存在的普遍的问题,认识到这一点很重要,所以你并不孤独。

总是自我否定,如何克服

来访者小薇是一个缺爱的小女孩,她总是事无巨细地照顾家人、男友甚至男友养的狗。

但就算这样,男友还是和她分手了。小薇的朋友都很气愤,但小薇说:"是我自己不好。"

失恋后的小薇待在家里不愿出门,她的母亲告诉她——你一定得争气。

她想起十五年前,面对要离开的爸爸,妈妈告诉她一定要争气。于是,她拿了一切她可以拿的奖。可爸爸还是没有回来。

小薇的妈妈总是告诉小薇,男人都靠不住,只有靠自己。小薇也相信了,她明白她自己唯一能控制的就是她自己。

于是,她每次答应和男生在一起的时候,她总是告诉自己——如果他要走,就让他走。反正自己不够好。

习惯了自我否定，小薇没有了稳固的自我。

一个稳固的自我是指一个人具有非常稳定的自我价值感，并且不会因为外界的否认或者质疑而有所改变。

克服自我否定的重要一点在于你的眼里要有自己，要重视自己。

与其等待朋友、父母、爱人的接纳，还不如自己接纳自己。

你只有看见自己的价值，才能被他人看见。当你真正接纳自己时，他人也会接纳你。

你要重新建设自己的心理，提升自我价值。

即使你不是一个特别完美、优秀的人，但你值得被爱。你不必用拼命付出的方式去证明自己的价值或是让他人来肯定你的价值。

付出本质上也是一种讨好。当我们陷在讨好的状态里，就等于将对方看成是索取和需要讨好的对象，对方其实会很不舒服。在很不舒服的情况下，对方也很难肯定我们的价值。

只有当自己内心足够强大，不再依赖外在认可来获得安全感时，你才能看得起自己，变得更自信。

情绪的背后,隐藏着什么

现实中的许多女人对自己的老公都有很多抱怨。那么这些抱怨来自哪里呢?

下面,让我们来分析一个叫安安的女人的案例。

安安自律、上进,而她的老公懒散、邋遢且无趣。

安安安排了早餐,喊老公起床吃饭。

可贪睡的老公说:"再让我睡会儿。"

见老公睡得这么熟,安安就唠叨了几句。

没想到,两个人开始争吵起来,甚至有人提出了要离婚。

我问安安:"为什么要离婚,你们没有感情了吗?"

安安说:"倒不是没有感情,只是看着他烦。"

现实生活中，我们经常看到一些觉得老公烦的妻子，那么在这背后到底隐藏了什么情绪呢？

情绪是我们对外界刺激的反应。它每天都带给我们各种各样的体验，有好的体验，如快乐、兴奋、愉悦等，也有不好的体验，如焦虑、内疚、抑郁、生气等。

我们总觉得，生气、沮丧这样的情绪是不好的，不应该出现。只有拥有积极的情绪，我们的心灵才是健康的。

这或许是我们对情绪的某种误解。

情绪没有好坏之分，每一种情绪都有它存在的合理性。

如果你的坏情绪经常出现，说明它们只是已经积攒了太多。只需要一个火星，就会被点燃。

情绪很多时候驱动着我们的行为，但我们不知道它的驱动机制是什么。

那些厌恶学习的孩子，常常被紧张、焦虑的情绪所驱动，所以他们对学习很排斥。

而那些热爱学习的孩子则从小被轻松、愉悦的情绪所驱动，所以他们对学习很热衷。

通过以上的案例，我们可以清楚地知道——对情绪起决定性作用的，并不是事件本身，而是我们对事件的反应系统。生活中也不会存在一个独立于反应系统的事件。

我们对一件事的情绪体验，往往通过感受来划分。

相处舒服的人，我们就觉得是好人；让我们感到愉悦的事，我们就认为它是好事；让我们感到舒心的情绪，我们就认为它是好情绪。

而那些让我们感到不舒服的体验，我们本能地就会觉得它是坏情绪，要摆脱它。

事实上，我们对事件的想法影响了我们的感受和行为。

情绪的思维是自动化的。它们自动化的过程影响了我们的情绪，我们自己却浑然不知。

心理学家埃利斯创建了一种疗法，叫作合理情绪疗法，也叫作情绪ABC理论。

他认为，我们常常有一些不合理的信念，才使我们产生情绪困扰，只要能调整不合理的想法，就能减少情绪对我们的影响。

在情绪ABC理论中，ABC分别代表三种不同的状态。

A代表诱发性事件，B代表不合理想法，C代表情绪和行为。

情绪ABC理论指的是当你遇到事时，情绪和行为不是由某一诱发性事件的本身所引起，而是由你对这一事件的不合理解释和评价所引起。同样的一件事情，由于你的想法不同，你的情绪也会不同，因此你也会有不同的行为。

回想最近一次，让你印象深刻的一个情绪失控的场景。

试着找出这件事的诱发场景以及你的信念、感受和行为。调整自己不合理的想法，改变自己看问题的态度。只要经常练习，就能增加自己的觉知力。

当你越能调整不合理的想法时，就越能减少情绪对自己的影响。

为什么我总是找到渣男友

来访者婵婵的事业很成功,各方面条件都很不错。

在周围人看来,她会找一个事业有成又很爱她的男人,过上幸福的生活。但实际上,她的感情道路很坎坷,总是遇到渣男。

小A是她的第一任男友,经常给她买礼物、送鲜花。

可日子久了,小A经常找她借钱。要是不借给他,他就发火。一来二去,两个人分了手。

不久以后,婵婵遇到了她的第二任男友小Q。

小Q为人风趣,出手大方,朋友更是多到不可胜数。

可小Q整日沾花惹草,惹得婵婵很不满。

在反思自己的择偶标准之后,婵婵又和第三任男友小F在一起了。没想到的是,小F是个没有担当的"妈宝男",总是衣来伸手、饭来张口。

> 婵婵说:"为什么我总是遇到渣男啊!"

在我看来,婵婵总是选择那些不爱她的人,是因为陷入了强迫性重复的关系中。

强迫性重复就是说一个人会不自觉地去寻找一段与旧关系类似的新关系,并且在新关系中不自觉地重复一些与旧关系类似的行为模式。哪怕这段关系让你感到痛苦,你还是会义无反顾地投入。

在研究了婵婵的家庭以后,我发现她的问题源自童年的创伤。

她通过在亲密关系中讨好对方,去赢得对方的关注,实则是为了弥补那些年与父母之间缺失的情感连接,她打算用这种方式来修复曾经的创伤。

生活中,什么样的人总会遇到渣男呢?

有两种人,一种是自我价值感低的人,另一种是圣母情节严重的人。

自我价值感低的人,在恋爱中会过分地寻求认同。圣母情节严重的人,喜欢扮演拯救者的角色。

这两类人都不信任自己的感觉,不够认可和肯定自己。所以当他人花言巧语时,他们就很容易地认为自己有价值。

那么,如何才能走出上述的困境呢?

首先,你一定要有自己的原则和底线。

不要因为渴望被对方接纳，而失去了自己的底线。一个人如果爱你，一定是爱你的全部，他不会喜欢一个时刻讨好他的人。

其次，不要放大对方任何举动所表示的含义。有的人喜欢通过某个细节来观察对方，殊不知这些细节恰恰是他所精心设计的，或者只是他为数不多的优点之一。

最后，你需要接受自己的过去并试着做出一个选择。

那些让你痛苦的经历已经随着历史的烟云逝去了，不要总是纠结于过去。这些都没有意义。

你已经成为独立的自己，有能力为自己的爱情负责。

哪怕曾经你的家人看不起你，对你有各种不满意。但如今，你已经脱离你的原生家庭。

你可以去找一个适合你的伴侣，去体验不一样的精彩。

请时刻告诉自己——你已经不是童年时期那个无能为力的自己了，你有能力走出过往的黑暗，活出自己幸福的人生。

第 8 章　隐藏的人格篇

THE TAPPING SOLUTION

你知道你在自我攻击吗

来访者小蓉说自己总是容易过度反省。

别人随口说的一句话,她也会想太多,这让她感到很累,但她又不能控制自己不去想。

和闺密逛街时,领导突然来了电话。虽然只是一桩小事,她却无法阻止自己去回想近日的工作。

直到回到家,她的内心还是难以平静。

结果到了第二天,听说领导给每一个同事都打了电话,她这才放下心来。

恋爱中,她也总是神经过敏。

如果伴侣忽视了她的消息,她就会不断思考——是不是自己哪里做得不好,让他不开心了?

像小蓉一样的人,在现实社会中其实很多。她这样的行为,在心理学上,大家普遍将其看成一种自我攻击。

　　自我攻击指的是一个人总觉得自己不够好,喜欢将责任往自己身上揽,自我价值感很低。

　　判断你是否在自我攻击,就要看那些让你对自己产生否定的人和事,是不是让你感觉到自己没有被爱、被信任、被接纳、被尊重。如果你有了上述的感觉,你就会对自己产生自我否定。

　　为什么我们会自我否定呢?

　　回想你的童年,那时你对自己的定义还很模糊,不知道自己是个什么样的人,也不清楚自己能成为什么样的人。

　　在这个时候,人格的形成要依靠外界的评价。如果小时候外界对你的评价是积极向上的,你得到了足够的爱与关注,那么你对自己的认知就是自信的。

　　如果小时候外界对你的评价充满了贬损、挖苦和指责,你没有得到他人的认可与接纳,那么,你对自我的评价就会很低,你也会经常性的自我否定,觉得自己不够好。

　　也许在你的世界里,你已经认可了他人对你的评价。你觉得他人的评价一定比你的自我评价更客观和全面。因为你受到的负面评价太多了,已经没了自信。

　　在你的内心,也许会有这样的声音:"你为什么不如别人?为什么别人什么都行,就你不行?"

于是,你内心自卑的感受驱动着你,去与他人竞争。渐渐地,你就有了完美主义的倾向,并不是你要让自己完美,而是想让自己做得更好,得到他人的认可。

习惯于自我攻击的人,往往有两种表现:一种是极其自卑,自己看不起自己,在他人面前表现出讨好的样子;另一种是喜欢攻击他人,以此彰显自己的优越感。

那些喜欢喋喋不休跟别人辩论的人,其实是在与别人竞争,向他人证明——"我是对的,你是错的。我是好的,你是坏的。"

喜欢用言语攻击别人实则是为了保护自己。

而引诱我们去自我攻击的,就是小时候外界对我们否定的声音。这个声音往往来自父母。由于孩子对父母有依恋情结,面对父母的期望,他们会努力得到父母的赞许和关注。

如果父母的期望是永无止境的,无论你怎么努力,都很少得到肯定的声音,在你的人格中就会内化为父母对你的评价。

有着自我攻击的人需要意识到——你正在攻击自己。也许你无法立刻做到接纳你的全部,放下你的完美主义,但你可以在发现你在攻击自己的时候,马上停下来。

很多时候,只有接受了真实的自己,你才会不再去责怪自己。对自己善良点,你才会过得更轻松。

谁能给我半小时好睡眠

来访者佳佳是一个备受失眠折磨的女孩。

几年以来,每晚她都为失眠所苦,一夜辗转反侧、难以入眠。

身边人都说,她睡不着是因为太紧张,要她不要想太多。

为了能够睡好觉,她采取了很多方法。吃褪黑素、抹精油、喝牛奶、关手机、做运动,该做的都做了,可失眠的症状一点儿也不见好。

据世界卫生组织统计,2019年,全球睡眠障碍率为27%。

中国睡眠研究会公布的调查报告也显示,中国成年人失眠发生率高达38.2%,超过3亿的中国人有睡眠障碍,其中"90后"最缺觉。

是什么导致了我们的失眠?

我们失眠的原因往往是睡眠的节律被打乱或破坏，导致了意识和潜意识的协同关系紊乱。

当大脑的意识想睡觉时，潜意识里的兴奋性却无法下降。如果此时转入睡眠状态，意识和潜意识的功能就不能迅速切换，从而导致失眠。

当然，有的失眠是很正常的，比如临近考试因为焦虑而失眠。

但如果因为长期失眠，严重影响了生活状态，该怎么办？

心理学家武志红解读了失眠与我们生活的联系，他认为失眠的根源在于我们和外界的关系。

在他看来，关系就是一切，自体永远都在寻找客体。我们永远都在寻找可以充分信赖、可以充分依恋的关系。当我们没有找到可以依恋与信赖的人时，我们就会找到这个人的一个替代品，那就是我们的头脑。

在婴儿时期，如果外界没有一个真实的、靠谱的妈妈可以依恋，婴儿就会转而向内去寻找。

如果他的妈妈因严重缺席，或者身体太柔弱而不能保护好他，孩子的需求一直得不到回应，孩子就不再对妈妈依恋，转而寻找自己头脑的帮助。

幼小的孩子各种担惊受怕地面临着真实世界，却没有可以依靠的妈妈，他只能依靠自己的头脑。当他感到不安的时候，头脑会给他解释，这解释是又真又假的安全感。

头脑还可以编织故事，比如说编织白日梦。就像一个涉世未深的年轻人，总幻想着自己能够应付一切困难，得到身边人的各种欣赏。

头脑还可以扭曲和屏蔽信息，对外界的信息进行选择性的筛选，或者干脆把它们扭曲成另一种样子。

当依恋的人缺席时，头脑就会为我们提供以上的许多照顾。

但当头脑是照顾者时，这也带来了一个问题——失眠。

孩子因缺乏外界的依恋对象，才让头脑一直处于保护他的状态。如果孩子有了依恋、信赖的对象，他就不会依赖头脑。头脑停下来后，孩子就可以安心入睡。

婴幼儿的这种体验，一旦成为基本的、稳定的体验，最终会内化为他的内心。

一个外在的可信赖的妈妈，内化成可信赖的内在妈妈。从此，他就有了基本的安全感，成年以后也能够安然入睡。

从婴儿时期的依恋关系谈论失眠，对成年的我们来说也有意义。

我们处在一个社会当中，如果社会关系处理得好，往往不会有失眠的困扰。那些常常失眠的人，晚上头脑会回想白天发生的各种事情，比如与谁发生了矛盾、冲突等，如果这些事没有被解决好，他们就会在头脑中处理那些冲突。

因为他们在关系中没有真实地展现自己，没有很好地表达自己的情绪和能量，最后只能在头脑中去处理，所以头脑要处理的事情多了，就导致了失眠。

要从根本上解决失眠，就要基于现实，从你身边的关系入手。

只要你能够在现实关系中去真实地互动交流，能量才会流动起来。

不要逃避现实中那些令你头疼的关系。

如果你逃避现实，不去面对，你可能就会在大脑中构建自己的白日梦。因为白日梦可以安抚现实中受伤的你，所以你喜欢沉浸其中。

放弃活在孤独的想象中，投入外部的现实中去吧，勇敢地面对生活中的各种关系，让自己的能量释放出去。一旦身心内外的能量达到了平衡，你的失眠就会好起来。

战胜拖延与抑郁，发现自己的改变

拖延症是指在你清楚地知道后果有害的情况下，仍然把计划要做的事情往后推迟的一种自我调节失败的常见的心理现象。

几乎每个人都存在着拖延的现象。

每当寒暑假时，你是不是给自己定下一个目标：要把英语给补起来，把落下的功课补上。

可临近开学，你发现自己的目标还没开始，就已经结束了。

英语四六级考试时，你每次都不复习，而是寄希望于临近考试时的突击，结果总不能让你如意。

拖延行为，困扰着许多人。

其实，拖延只是一种症状，而这种症状背后存在着许多原因。

你只有发现自己是因为什么而拖延,然后对症下药,才可以很好地摆脱拖延的困扰。

通常拖延行为的背后,有以下两种原因:1. 自己的目标感不强,动机不足;2. 一个人处于行为被抑制的状态。

研究发现,大约95%的人承认自己在境况不佳时会有拖延行为,25%的人承认自己经常拖延。再自律的人,都会在某些事情上呈现出拖延的现象。

如果一个人经常有拖延行为,这个行为程度较轻的话,可能会耽误一点工作;但如果行为程度较重的话,就会出现强烈的自责情绪和负罪感,有些人甚至会出现焦虑症、抑郁症等心理疾病。

心理学家蒂姆·皮切尔说:"拖延症是一种情绪调节问题,而不是时间管理问题。"

拖延症与情绪相互关联。如果治好了拖延症,情绪自然会得到改善;如果一直拖延,情绪只会更加糟糕。

有拖延症的人,通常有追求完美主义的倾向。

导致拖延的原因有很多,该如何做才能摆脱拖延症呢?

你可以为自己制定一个反抗拖延的清单,把你每天要做的事情列举出来,可以针对你要做的事情提出相应的对策。

反抗拖延清单要求我们将每一个困难的事情分成若干小步骤,然后预估它的难易程度和能够得到多少回报。

当你这样做时,你会发现其实每一个步骤没有那么难,这就是反抗拖延清单的作用。

除了列反抗拖延清单外,还有就是你不要每天都强迫自己。不让自己与自己形成对抗,不要对自己有"一定、必须去"等绝对的要求。

你只需按照自己的节奏一步步地完成,哪怕没有完成,也没有关系。不强迫自己,不追求完美,只要踏出了一小步,就有了一定的进步,有行动远比拖延强。

只要坚持做下去,你的拖延症就会逐步得到克制,并且最终摆脱它。

重新塑造自我，成为内控者

当你与他人产生了矛盾，你是倾向于反思自己，还是觉得是他人的问题？

如果生活中发生了一些意外，打乱了你的生活，你更倾向于把它当作好事，还是坏事？

如果你获得了某种成功，你会倾向于把成功归因于自己能力强还是运气好？

如果有人称赞你，你倾向于认同自己就是值得称赞，还是觉得自己没那么好？

你喜欢那些说你好话的人，还是更喜欢那些批评你的人？

其实以上的选择，并没有好坏之分，但都有它各自的好处。

在每一个选择的背后，都能反映出你对这个世界的认知。认知不同，看问题的方式也会不同。

认知是人类大脑的一种高级功能，是我们认识客观世界的信息加工活动。

我们的大脑对世界的理解和认知，主要是通过两种途径，一种是寻找模式和规律，另一种是赋予事物意义。

寻找模式和规律，就是采取观察、体验和推理的方式，对事物进行归类，找到事物与事物之间，以及行为和结果之间的联系。

赋予事物意义，就是大脑要了解：这些事物、行为和结果，对于我们来说意味着什么？它能给我们带来痛苦，还是会给我们带来快乐？

譬如，你被蜈蚣咬了。被咬的伤口处出现红肿、灼热和刺痒感，甚至出现了头痛、发热、眩晕、恶心、呕吐等症状。

之后你知道了，蜈蚣是个可怕的东西，它会给我们带来痛苦。从此，你都会想办法躲避它。

想要更好地生存，我们不仅需要知道这个世界的规则，还要知道哪些事物是好的，哪些事物是不好的。

只有清楚地了解我们身边存在的事物，我们才能明白有哪些事物和行为是值得我们追求的以及哪些会给我们带来痛苦，我们要去避免它。

我们想要更好地去塑造自我，成为能够掌控自己人生的人。首先要做的就是了解自己的认知。

我们的大脑有强大的认知功能，但它在认知方面并不完美。

比如，你今天吃早饭时，不小心把碗摔碎了。之后，你的运气都不好。你回顾这一天，将原因归结于打碎了碗。

但事实是：打碎碗只是一个巧合，它与你一天的坏运气没有任何关系，那只是你主观的认知罢了。

只是，我们每个人的头脑中都存在大量的因为错误推理而产生的与客观事实不符合的非理性的想法，而这些想法就造成了我们的认知扭曲。

如果认知一直是扭曲的，那么它必然会对我们的身心造成伤害。因为认知直接影响着我们看待世界的方式，也深深地影响着我们的情绪。

你会发现，我们有许多负面情绪往往都是基于认知和思维错误。

每个人都会在某些时候陷入认知扭曲当中，但有的人能够立刻纠正这些错误的认知，而有的人则固执己见，长期深受认知扭曲的影响。

那么，生活中有哪些常见的认知扭曲呢？

1. 完美主义

追求完美的人，对自己要求很严格。一旦没有达到自己的要求，他就觉得自己是个失败者。

2. 怪罪他人

有的人一遇到问题就把责任推卸给别人，认为是别人的错。他们甚至因为自己的情绪不好，也是别人造成的。

3. 心理过滤

心理过滤指的是一个人只看得见事物消极的一面，而看不到积极的一面。这也是常见的认知扭曲。

4. 妄下结论

低自尊的人往往存在这样的认知扭曲，比如有人对他说了一句不中听的话，他就觉得那个人肯定很讨厌自己。

那么，我们该如何改变扭曲的认知呢？

我们可以通过实践提高对这些扭曲认知的识别和纠正能力，及时纠正这些错误的认知和思维模式。

心理学家佛拉维尔提出过"元认知"的概念,指的是对个人学习、思维活动的认知,即对认知的认知。也就是你要具有自我反省、自我觉知、自我完善的能力。

当你内在的思维模式启动时,请告诉自己——慢下来,也许你可以采取另外的思维去处理。

长期坚持这样的思维训练后,你会发现自己不再执着于自我了,那就是你改变的结果。

被长期霸凌后,如何重新相信这个世界

来访者小菊被霸凌了。

因为一次匿名举报,其他同学都将矛头指向了她。

她忍受了各种痛苦。原本学习很好的她,成绩也下降了。再加上得不到父母的理解,小菊每天都哭。

她变得自卑,开始独来独往,不和同学交流。

如果一个人长期经历霸凌,对他的生理健康与心理健康都会产生许多负面影响,甚至患上社交障碍。

有研究发现,许多早年遭受霸凌的人往往会走上霸凌别人的道路。

为什么有人会喜欢霸凌别人?

霸凌的原因主要源自家庭教养。其中典型的是出身于溺爱孩子

的家庭或有暴力倾向的家庭。

那些溺爱孩子的家庭,父母往往对孩子的回应过高,事事满足孩子。

这就使得孩子缺乏与他人共情的能力,不懂得尊重和理解别人。

电影《少年的你》就讲述了这样的一个校园霸凌的故事。

其中的霸凌者魏莱,家境优渥、学习成绩优异,本应是温柔得体的大家闺秀。

可实际上,她却是私下里拿欺负同学来取乐的校园暴力施暴者。女同学胡小蝶被她逼得跳楼自杀。

直到警察调查取证时,她的父母仍在袒护她。

一个条件如此优秀的女孩会做出这样令人匪夷所思的事情,就是源自父母的溺爱。

那些有暴力倾向的家庭,也容易让孩子发展成霸凌者。

孩子本身是善良的,也不喜欢暴力。他们之所以会对他人施暴,很大程度上是从父母那里学来的。

有人会有疑惑,孩子讨厌暴力,为什么却要去霸凌别人呢?

这是因为暴力虽然很可恶,但很有用。

那些有暴力倾向的父母,请停止你们的暴力行为。因为你们的举动,很可能引起孩子的模仿。

如果你曾长期被霸凌,陷入了人生的迷茫与痛苦中,你该如何去重新相信这个世界呢?

第一,你要学会承认,自己曾经被霸凌过。

承认自己的创伤是接纳自己,是对自己的坦白。只有接纳了自己,才能与过去的脆弱好好告别,你才能真正地放下,并且走出阴影。

第二,重新意识到自我的价值,你是独一无二的存在。

也许你曾经在被霸凌的过程中,听到许多对自己否定与贬损的声音。但你要清楚,同学、父母以及老师对你的否定都不是真实的,他们并不了解真正的你。

你要用积极的自我评价去替换掉那些消极、负面的评价。请建立起高自尊。你要相信,当你真正爱上你自己的时候,世界才会来爱你。

提高情绪管理能力,你需要这样做

心理学上有一个著名效应叫作"踢猫效应"。

董事长跟员工许诺,自己会早点到公司。
结果,他忘了时间。
为了不迟到,他超速驾驶,被警察开了罚单。
为了转移员工的视线,他把销售经理叫到办公室训斥一番。
销售经理又把秘书叫来,对她百般挑剔。
秘书觉得自己委屈,就故意找客服的碴儿。
客服无可奈何回到家,看到儿子没有写作业,也冲儿子发了火。
儿子狠狠地踢了猫一脚。
猫逃到街上时,正好有一辆卡车开过来。

看到猫，司机赶紧避让，却把路边的孩子撞伤了。

这就是坏情绪传递带来的恶性循环。

一个人的坏情绪，会传染给身边的人。一个人的不愉悦，可能会产生"踢猫效应"，让许多人不愉悦。

我们每个人都会有心情不好的时候，最常见的坏情绪就是愤怒的情绪。它困扰着我们的生活，让我们难以控制自己。

愤怒的情绪，其实是一种面对威胁或危险时的应激反应。

我们会愤怒，是想要自我防御。

当我们的自尊受到他人威胁，或遭遇他人不公正的对待时，我们就会表现出愤怒的情绪。

这样的冲动情绪是不由自主的。当我们发泄完，也许会给我们自身也造成一些损失。比如，与他人的关系疏远，或受到他人的指指点点时，我们会感到难堪。

很多人的愤怒，其实是隐忍了很久的。

简单来说，就是我们之前已经产生过愤怒情绪，只是短暂地被抑制住了，没有表现出来。

等到我们不想忍了，它就会以恨意的表现形式爆发出来。

也许你身边就存在这样的人。他往往心眼不坏，可很少有人愿意和他打交道。因为他总是喜怒无常。可见，一个情绪化的人，在生活中注定不会走得太顺利。

那么，我们应该规避所有的愤怒情绪吗？

答案是不应该。因为愤怒情绪的产生是合理的。

当遇到这种情况，我们应表达出自己愤怒的原因，因为这是对自我边界的保护。

这可以让他人知道，哪些行为是不可以实施的，以后就可以避免一些不必要的矛盾和冲突。这对于改善人际关系，是很有帮助的。

你要意识到，毫无控制的发泄与攻击很难真正解决问题，而只会激怒对方，使得双方的矛盾和冲突不断升级。到最后，你们只能是两败俱伤，甚至会导致关系的破裂。

还有一种不合理的情绪我们需要避免，就是长时间生闷气。

当我们在头脑中反复琢磨某件事情时，我们为生气捏造的"正当理由"和"自我辩护"就越多，我们的情绪就会变得越来越糟。

长期生闷气不仅对我们自己是一种伤害，也会给我们与他人的关系带来消极影响。

那么，当情绪来敲门的时候，我们应该怎样正确地对待它？

你要意识到，真正引发情绪的并不是情境本身，而是你对情境的看法和解读。

如果你对某件事情或者一个人身上的某种行为感到愤怒时，你往往认为：他所做的行为是不合理的、不应该的、不公平的，你很难接纳。

但你认为的仅仅是你头脑中的规则，它不一定就是别人头脑中的规则，也不一定就是这个世界的规则。

你可以拿这些规则来要求你自己。如果你想拿你头脑中的规则去要求别人时，那么你注定会失望，注定会愤怒。

当你想发脾气时，要及时意识到——你是在拿自己的规则在要求别人，而这些规则是不切实际的。他人没有理由必须按照你想要的方式去行事。这样即使你心中的怒火已经被点燃，也能很快被扑灭。

你也可以采用移情的办法去控制情绪。

移情是对目前的一个人的感觉、驱力、态度、幻想和防御的体验。简单来说就是一种去准确地理解他人想法与动机的能力。如果你尝试站在对方的角度去看待某件事情，你就可以明白对方的真实需求。

当你能够学会移情——站在对方的角度看问题时，你就不会再次陷入自我的思维模式。

在明白了他人做事的动机后，你会发现即便他们的行为、所做的事情是你不喜欢的，但因为这件事与你无关，你的愤怒情绪也会渐渐消退。

当你被情绪所困时,别放任自己沉溺。请换个角度去看问题。

任何时候,先平复心情,再解决问题。

学会管理情绪,你就不会被坏情绪扰乱自己的生活。

改变错误的沟通方式，学会认同

生活中，有很多家长感叹，与孩子之间难以实现有效沟通。

其实，每个人都有不同的沟通方式。由于性格、环境等差异，大多数人往往只能接受一种沟通模式。

有的人非常强势，常常喜欢指责对方。但其实他们的内心往往很脆弱和孤独，只是不愿意承认。

有的人在沟通中喜欢避重就轻，不愿意直面冲突。可能是他们一贯奉行"逃避可耻却有用"的人生哲学。

有的人在沟通中喜欢讨好和取悦别人。可能是幼年就遭遇到了遗弃和背叛。

那么，什么是好的沟通方式呢？

我想一定是学会充分共情，不带情绪地去交流。

与他人交流，要分清楚事实和观点。譬如，你掉了东西，这是陈述事实；而你总是丢三落四，这是陈述观点。

我们需要做的就是要陈述事实，而不是总爱发表观点。指责别人，只会加剧你与他人之间的紧张感，而不会对问题的解决有什么效果。

每个人都渴望被共情。只有互相理解，人和人之间的关系才能建立起来。如果你跟对方的互动是带着同理心的，他们也会把同理心回馈给你。

那么，我们如何在沟通中认同与共情呢？

首先，你要学会得体的发言。不要窥探他人的隐私，也不要在他们吐露自己的烦恼时，显得过于淡定。要学会理解他人的感受，为他们的悲哀而悲哀，为他们的开心而开心。

其次，要记住他人的嗜好以及品味，不要做扫兴的发言。要记得，他如果喜欢奢侈品，就不要说自己讨厌奢侈品这样扫兴的话。

最后，要积极地倾听并给出支持性回应。

譬如，你可以表达你的同情心，跟对方说："我知道你为什么这么难过。"

你也可以表达你的同意，跟对方说："你说得对，我特别赞同。"

你也可以表达你的支持,跟对方说:"如果你需要的话,我今天晚上陪你。"

你也可以表达美好的期待,跟对方说:"你真的很棒,我知道你一定会做得更好。"

当沟通变得顺畅以后,你们之间就会建立起很好的连接,也能减少许多冲突。

苗条的诱惑，怎么样让自己变得更美

来访者小妹是一位性格开朗的女孩。

她现在24岁，但她每时每刻都在为自己的身材发愁。身边朋友总说：如果她瘦了，一定很好看。这反而加重了她的焦虑。

恋爱的失败，更是让她对自己的身材深恶痛绝。她开始觉得胖是一种生理缺陷。

其实，胖并不代表你不美，瘦也不代表你会招人喜欢。美最迷人的地方正是其独特性。

电影《月半爱丽丝》中的女主角林晓曦，因为幻想苗条喝下了神奇药水。而在最后，知晓真相的男友反而跟她分手了。

不敢面对真实，不接纳自己的人，很容易因为身材而陷入焦虑。即使日后她瘦身成功，她也会因为自己的腰不够细而焦虑。譬如"骷髅妹"刘野为爱情瘦身70斤、整容无数次，但最终也没有得到爱情。

反手摸肚脐、锁骨放硬币……这些畸形审美的背后都是对女性的物化。他们没有看到女性的真正价值,而这也是对美的背叛。

女性有追求美的权利,但追求美,并不意味着要委屈自己。接纳自己,勇于展现自己的特点,这样的你才是最美的。

如何战胜恐惧与胆怯，走向自信

你问身边的单身人士："为什么不找个对象呢？"

他说："一个人挺好的。"

也许，有一些人对于婚姻和爱情没有憧憬，但也有一些人只是很难与他人建立起亲密关系。

对恋爱恐惧的人，也许只是对爱情感到焦虑。比起享受恋爱的甜蜜，他们害怕遭遇伴侣的背叛，更害怕自己的付出得不到相应的回报。

其实，对恋爱恐惧可以归为对异性恐惧的一种表现。

为什么有的人会对异性恐惧呢？

原因有很多。有的人害怕异性，其实不是害怕恋爱，而是对性有着错误的认识；有的人则因为自我价值感很低，总觉得自己配不上对方；有的人明明对异性感兴趣，可总觉得如果自己表露出对他人的兴趣，就会遭到别人的嘲笑；也有一部分人因为从小到大的家庭禁令而没有勇气去认识和了解异性。

与恋爱恐惧息息相关的另一种恐惧是社交恐惧。

某个论坛上曾有一条关于社交恐惧的评论，全文如下。

跟人相处很累，带来的压力感远远大于舒适感；

路上怕遇到熟人，更怕遇到半生不熟的人；

在人多的地方就会不安，第一反应永远是躲；

过度在意别人的看法，担心自己会出错；

害怕麻烦别人，欠的人情总想加倍地还；

害怕尴尬拼命找话说，最后干脆不说话……

这些话引起了许多社交恐惧者的共鸣。

或许，一个人的社交恐惧与他的原生家庭息息相关。开始社交意味着对父母的"背叛"，这种内疚感会慢慢转变为恐惧。

为什么说"背叛"父母呢？

因为当孩子有了自主性，就是对于父母的某种背叛。孩子有社交恐惧的根源或许是原生家庭慢慢"培养"出来的。

不管是恋爱恐惧还是社交恐惧，以及其他恐惧，这些恐惧都可以归结到一个共同的恐惧，那就是对"我不够好"的恐惧。

生活中那些追求完美主义的人，都有着强烈的恐惧心理。

为什么我们会害怕自己不够好呢？

可能，潜意识里的回答是——如果我不够好，就不会有人来接纳和认可我。

因此，恐惧的背后，是内心安全感的缺乏，也是自我内在价值感不高的表现。

我们该如何克服上述恐惧呢？

首先，你要寻求在某一领域实现突破，树立"自我感"。

其次，你要告诉自己："我其实没那么重要。"强调自己没那么重要，不是看低自己，而是为自己松绑。

最后，请不要经常与他人做比较。即使你已经很优秀了，也还是会遇到比自己更优秀的人。所以，你只需要做好自己，同时接纳自己的不完美，你才会成为一个真正自信的人。